Albrecht Kellner

EXPEDITION ZUM URSPRUNG

*Ein Physiker
sucht nach dem Sinn des Lebens*

Autobiografie

Bibliografische Information der Deutschen Nationalbibliothek
Die Deutsche Nationalbibliothek verzeichnet diese Publikation in der Deutschen Nationalbibliografie; detaillierte bibliografische Daten sind im Internet über www.dnb.de abrufbar.

Die Bibelstellen wurden, soweit nicht anders angegeben, folgender Übersetzung entnommen:

Lutherbibel © 2017 Deutsche Bibelgesellschaft, Stuttgart

Dieses Buch war ursprünglich in mehreren Auflagen bei SCM Brockhaus veröffentlicht worden. Die vorliegende Fontis-Neuausgabe wurde stark überarbeitet, ergänzt und erweitert.

© 2018 by Fontis – Brunnen Basel

Umschlag: Spoon Design, Olaf Johannson, Langgöns
Foto Umschlag: NASA Images / Shutterstock.com
Foto Umschlag (U4): janez volmajer / Shutterstock.com
Porträt Autor (Klappe): Albrecht Kellner
Satz: InnoSet AG, Justin Messmer, Basel
Druck: Finidr
Gedruckt in der Tschechischen Republik

ISBN 978-3-03848-137-9

Inhalt

Vorwort	9
Kapitel 1:	
AUFBRUCH	11
Kapitel 2:	
VORSTOSS DES VERSTANDES	15
Eine Sackgasse	17
Rätsel der Materie	22
Rätsel des Raumes	27
Rätsel des Lebens	32
Rätsel des Ursprungs	37
Kapitel 3:	
REISEN DURCH DIE PSYCHE	41
Die Pforten der Wahrnehmung	42
Im Labyrinth des Unterbewussten	49
Kapitel 4:	
GRENZÜBERGÄNGE DES BEWUSSTSEINS	53
Ursprünge des Denkens	54
Erfahrung der Leere	57

Kapitel 5:
GRATWANDERUNGEN
DES LEBENS 61
    Ausstieg 63
    Begegnungen 67

Kapitel 6:
EIN WEGWEISER 71
    Der direkte Blick 72
    Unmöglichkeiten 74

Kapitel 7:
ABGRÜNDE 79
    Gabelungen 80
    Irrwege 83

Kapitel 8:
UMKEHR 89
    Ende des Weges 92
    Letzte Hürden 94
    Zwischen den Fronten 98

Kapitel 9:
DURCHBRUCH 103
    Im Licht der Logik 104
    Erste Einblicke 108

Kapitel 10:
AM URSPRUNG 113
    Durchblick 115
    Gewissheit 121

Kapitel 11:
DER SCHATZ 129
    Geier über dem Fundort 132
    Glaube und Erfahrung 134

Der Schatz lebt!	136
Das Unerwartete	144
Das Geheimnis	149

Kapitel 12:
SPRENGUNGEN 155
Risse im Felsen	156
Rückkehr	161
Ein Freund	166
Vorstoß ins Unbekannte	174
Neuorientierung	178
Es bricht sich Bahn	187

Kapitel 13:
DIE LOGIK DES ENDGÜLTIGEN 195
Die Existenz des Ursprungs	199
Die Bedeutung des Ursprungs	202
Das Wesen des Ursprungs	205
Der Weg zum Ursprung	211
Das Leben am Ursprung	216
Das Leben aus dem Ursprung	221

Nachwort 233

Anmerkungen 237

Vorwort

Dieses Buch ist meinem Sohn Christian gewidmet. Wie für alle Menschen wird auch für dich – einmal oder mehrmals in deinem Leben – der Zeitpunkt kommen, wo die Frage nach dem eigentlichen Sinn deines Daseins auf diesem Planeten allmählich oder plötzlich eine ganz neue Bedeutung und Tiefe bekommt. Ich wünsche dir von Herzen, dass diese Frage dann nicht gerade von scheinbar Wichtigerem überlagert wird, so dass du sie überhörst oder verdrängst, oder dass sie durch leidvolle Ereignisse mit derartiger Wucht an dich herantritt, dass du plötzlich gezwungen bist, dich ihr ohne Vorbereitung zu stellen, sondern dass es dir so ähnlich ergehen wird wie mir.

Ich hatte das Glück, dass mich diese Frage schon in meiner Teenagerzeit immer wieder beschäftigte, so dass ich eigentlich nicht davon sprechen kann, von ihr überrascht worden zu sein. Meine mehr oder weniger kontinuierliche Suche nach der Antwort kommt mir im Rückblick fast wie eine zielgerichtete geistige Expedition zum Ursprung des Daseins vor.

Den Verlauf und den Ausgang dieser Reise habe ich dir hier aufgeschrieben. Dabei habe ich versucht, die Ereignisse und meine innere Entwicklung so genau wie möglich aus meiner Erinnerung zu rekonstruieren.

Es ist eine wahre Geschichte.

Wohl wissend, dass sich die Lebenswege der Menschen total voneinander unterscheiden und jeder auf ganz individuelle

Weise den grundlegenden Fragen des Lebens begegnet, wünsche ich dir und allen anderen Lesern, dass diese Geschichte meines Weges doch vielleicht einige Hinweise geben, möglicherweise auch ein Ansporn sein kann für dieses faszinierendste aller Abenteuer: der Suche nach dem Endgültigen.

Ich möchte dich bitten, das Buch von vorne nach hinten durchzulesen und nicht etwa mittendrin schon im hinteren Teil zu blättern, weil sich das Ende der Geschichte unter anderem gerade aus der Abfolge der Stationen auf dieser Expedition entwickelt.

Ein Ergebnis kann ich jedoch schon vorwegnehmen: Man weiß mit Sicherheit, wann diese Expedition ihr Ziel erreicht hat.

Kapitel 1:
AUFBRUCH

Es war zur Zeit der Flower-Power-Bewegung. Ich saß in einer Boeing 707 auf dem Flug nach Los Angeles neben einer attraktiven Studentin, die ebenso wie ich vom Deutschen Akademischen Austauschdienst ein Stipendium für die University of California in San Diego bekommen hatte. Leicht benebelt vom Sekt, dem wir schon reichlich zugesprochen hatten, ihrem erfreulichen Anblick und dem Duft ihres Parfüms schaute ich aus dem Fenster. Unter uns kam Land in Sicht.

Amerika.

Was würde mich erwarten? An der ehrwürdigen Georg-August-Universität zu Göttingen hatte ich gerade das Studium zum Diplomphysiker abgeschlossen. Die Diplomarbeit hatte ich in theoretischer Festkörperphysik geschrieben. Nun erhoffte ich mir von Professor Suhl, einer weltweit anerkannten Koryphäe auf diesem Gebiet, weitere Einblicke, die mein bisheriges Wissen vertiefen würden.

Das war die offizielle Begründung für meinen Aufenthalt in Amerika. Meine charmante Begleiterin, und auch meine Eltern, Freunde und Bekannten, wussten jedoch nichts von meiner geheimen Zielsetzung und Hoffnung, deren Ursache bis weit vor die Zeit meines Studiums zurückreichte.

Vielleicht hatte es in jenem Moment begonnen, in dem ich als kleiner Junge zum ersten Mal in großer Höhe den Kondensstreifen eines Flugzeuges sah. Auch heute noch erinnere ich mich daran, wie mich damals plötzlich eine ungeheure Sehnsucht packte, ich aber nicht sagen konnte, wonach. «Da möchte ich einmal hin», eröffnete ich einem Freund, der verdutzt neben mir stand und genauso wenig wie ich begriff, was ich damit eigentlich meinte.

Vielleicht war es auch erst ganz allmählich durch den Einfluss der Umgebung entstanden, in der ich aufgewachsen war: in einem winzigen Ort in Namibia an der Grenze zweier unendlicher Weiten, der Wüste und dem Meer.

Wer einmal meinen Geburtsort Swakopmund besucht, wird dieses eigenartige Gefühl der Einsamkeit und Verlorenheit, das diese Küstenstadt am Rande der Wüste Namib durchweht, bald zu spüren bekommen. Ein Gefühl, das sich noch verstärken kann, wenn man eine Fahrt auf einer der staubigen Pisten in diese älteste Wüste der Welt unternimmt. In der großartigen Landschaft aus Dünen, unendlichen Flächen und schwarzen, schroffen Felsgebirgen wird einem vielleicht zum ersten Mal bewusst, wo man sich eigentlich befindet.

Auf einem Planeten im Weltall.

Diese Wahrnehmung vertieft sich noch, wenn man einmal im Freien übernachtet. Der Anblick des Nachthimmels ist mit nichts zu vergleichen, was man etwa in Europa vom Sternenhimmel kennt. Der ganze Himmel ist mit Myriaden funkelnder Sterne übersät. Die Milchstraße erstreckt sich als helles, dichtes Band quer über den Himmel.

Richtet man das Fernrohr auf einen der funkelnden Punkte, dann sieht man, wie dieser sich in unzählige weitere helle Lichtpunkte auflöst. Es geht immer weiter und weiter. Der Himmel strahlt in kristallener, durchsichtiger Klarheit bis in fernste Tiefen, und angesichts dieser überwältigenden Dimension konnte ich mich nur schwerlich der Ahnung verschließen, dass sich hinter all diesem etwas noch viel Größeres, ein Sinn, ein Ursprung, verbergen müsse. Immer wieder überkam mich die unbestimmte Sehnsucht danach, diesen eines Tages irgendwie erfassen zu können.

Insofern war es nicht verwunderlich, dass ich an einem kalten Februartag nach einer romantischen Fahrt mit einem der großen Passagierdampfer, mit denen man damals noch von Afrika nach Europa fuhr, und anschließender Reise mit Fähre und Bahn in der alten Universitätsstadt Göttingen eintraf, um mich dort für das Studium der Physik immatrikulieren zu lassen. Ich war voller Hoffnung, hier Antworten finden zu können auf diese seltsame Sehnsucht, deren genaues Ziel ich zwar noch kaum artikulieren konnte, deren Drängen sich dafür aber immer deutlicher bemerkbar machte.

Die Expedition zum Ursprung hatte begonnen.

Erst später wurde mir bewusst, dass diese schwer definierbare Suche nach dem Endgültigen, nach Antworten auf die Frage nach dem Woher und Wohin unserer Existenz tatsächlich den Charakter einer Expedition hat. Und ebenso wurde mir erst später klar, dass es sich hier um eine Art ultimativer Expedition handelt, auf der sich letztlich jeder Mensch befindet, obwohl das den meisten nur hin und wieder explizit zu Bewusstsein kommt.

Oberflächlich gesehen besteht diese Reise in der Suche nach einem erfüllten und glücklichen Leben – einer Suche, die ohne Zweifel jeden dieser merkwürdigen Zweibeiner auf unserem Planeten innerlich antreibt und letztlich alle seine Handlungen bestimmt. Die Auswirkungen dieser Suche reichen von der vermehrten Anhäufung materiellen Reichtums, dem Streben nach Ansehen oder der intensiven Befassung mit Kunst, Philosophie und Religion über die entbehrungsreichen Expeditionen eines Christoph Kolumbus, eines Roald Amundsen oder eines Reinhold Messner bis hin zu den kostspieligen Versuchen, ins Weltall vorzustoßen und dort nach unseren materiellen Ursprüngen zu forschen.

Wenn man all diese Unternehmungen zu ihrem eigentlichen Auslöser zurückverfolgt, dann zeigt sich immer wieder, dass diesen äußerlichen Expeditionen letztlich eine einzige innere Forschungsreise zugrunde liegt: die Suche nach einem im wahrsten Sinne des Wortes end-gültigen Sinn unseres Daseins.

Generell ist diese Frage allerdings derart unter den Aktivitäten des Alltags oder auch durch eine latente Resignation, ob diese Sehnsucht überhaupt zu stillen ist, verschüttet, dass nur in den seltensten Fällen versucht wird, sie explizit zu beantworten.

Darin liegt eine merkwürdige Inkonsistenz: Einerseits wird man letztlich in allen Handlungen von dieser Suche nach einem sinnerfüllten Leben angetrieben, anderseits scheint diese Suche selbst aber ein Tabu zu sein. Man unternimmt die abenteuerlichsten Expeditionen bis hin zur Gefährdung des eigenen Lebens, aber kaum jemand ist bewusst unterwegs auf dieser ultimativen Reise, die allem zugrunde liegt und auf der sich jeder irgendwie befindet, ob er es wahrhaben will oder nicht.

Mir war früh klar geworden, dass ich diese Widersprüchlichkeit in meinem Leben nicht gelten lassen wollte. Dementsprechend hatte ich auch während meines Studiums in den letzten fünf Jahren in Göttingen gelebt. Aber eine Lösung war noch nicht in Sicht.

Im Gegenteil: Ich war in einem Labyrinth gelandet. Ich brauchte Hilfe.

Und während sich die 707 dem Flughafen von Los Angeles näherte, ließ ich jene bewegte Zeit noch einmal Revue passieren.

Kapitel 2:
VORSTOSS DES VERSTANDES

Es war ein faszinierender, aber auch ungeheuer mühevoller Weg, der mich bisweilen bis an den Rand des Versagens führte und mich mit dem Gedanken spielen ließ, das Studium abzubrechen.

Daran waren einige der Professoren nicht ganz unschuldig, die offenbar Vergnügen daran hatten, die ohnehin schwierige Materie so herablassend unpädagogisch wie möglich darzustellen. Bisweilen verstanden wir während einer Mathematik-Vorlesung nicht ein einziges Wort. Dafür waren wir aber bald in der Lage, in Windeseile alle Formeln an der Tafel samt allen verbalen Erklärungen fast Wort für Wort mitzuschreiben; inklusive aller Witze, die der Professor gnädigerweise ab und zu einstreute – sie hätten ja auch etwas Bedeutungsvolles beinhalten können. Bis in die Nächte mühten wir uns dann ab, unser Geschreibsel nachträglich zu verstehen.

Auch die Assistenten, die uns betreuten, während wir unsere physikalischen Experimente in den Übungen durchführten, hatten offenbar weniger Freude daran, uns die Faszination der Naturwissenschaft nahezubringen, als daran, uns ihre Macht spüren zu lassen. Immer wieder erklärten sie das Ergebnis der Arbeit eines ganzen Nachmittages wegen geringfügiger Fehler für null und nichtig. Unseren Ärger konnten wir anschließend nur mit größeren Mengen Alkohol in einer nahe gelegenen Kneipe herunterspülen.

Gut sind mir auch noch die Chemie-Übungen im Gedächtnis, wo es passieren konnte, dass man den ganzen Tag an einer Flüssigkeit herumdestillierte und -titrierte, um die gesuchte Substanz zu isolieren, die sich dann aber beim allerletzten Schritt mit einem leisen «Pfft» versehentlich in Dampf auflöste und unwiederbringlich dem Erlenmeyerkolben entfleuchte.

Mit verbissener Selbstdisziplin arbeitete ich mich trotz aller Widrigkeiten und trotz der ständigen Verlockungen des studentischen Nachtlebens durch die Materie der ersten fünf Semester – Experimentalphysik, Chemie, theoretische Mechanik und Thermodynamik sowie die zugehörige Mathematik. Dann nahte der erste Meilenstein auf meiner Expedition zum Ursprung: der Abschluss des Vordiploms.

Es sollte einer der wichtigsten Meilensteine auf meiner Reise werden.

Während ich mich bis zum Zeitpunkt des Vordiploms nur darauf hatte konzentrieren können, mir den umfangreichen Stoff in der kurzen verfügbaren Zeit einzuverleiben, hatte ich jetzt zum ersten Mal etwas Muße, das Gelernte auch zu verdauen und auf seine Brauchbarkeit für meine Expedition zu überprüfen.

Das Ergebnis war verblüffend.

Entsprechend der weithin vorherrschenden Meinung hatte auch ich erwartet, dass die Physik die Grundelemente unserer Welt und infolgedessen das gesamte Dasein, also auch unser Woher und Wohin, grundsätzlich erklären könne. Und das, was man noch nicht erklären konnte, würde eines Tages auch noch erschlossen werden.

Ich hatte gehofft, dass mir die Physik das Naturgeschehen in seiner inneren Bedingtheit als derart selbstständig und in sich autark begreiflich machen würde, dass damit das endgültige und eigentliche Wesen der Natur offengelegt wäre und alle

Fragen auf rein rationale Weise beantwortet werden würden. Die unbelebte Natur wäre somit eine auf diese Weise endgültig erklärbare Maschine und das Leben das ebenso erklärbare Produkt einer viele Milliarden Jahre währenden Evolution. Dabei verbliebe kein Rest eines grundsätzlich Unerklärlichen, Rätselhaften, das etwa eine Hypothese eines außerhalb der Natur stehenden Urhebers, eines Schöpfers, erforderlich machen könnte.

In welch hoffnungsvoller Erwartung dieser Erkenntnisse hatte ich das Studium begonnen!

Doch schon nach den ersten fünf Semestern wurde mir unwiderruflich klar, dass diese Hoffnung nicht erfüllt werden konnte. Die Physik hatte sich als eine für meine Fragen nicht zuständige Instanz entpuppt.

Ich kann mich noch gut an die Enttäuschung erinnern, die sich nach all dieser hochkonzentrierten Anstrengung bei mir einstellte. Doch nur weil ich über das populärwissenschaftliche Wissen hinaus in die Materie eingedrungen war, hatte ich diese Erkenntnis bekommen können. Sie wies mich eindeutig und endgültig hinaus über die Naturwissenschaft und letztlich über alle Wissenschaften und rein rationalen Versuche, zu «erkennen, was die Welt im Innersten zusammenhält».

Ich war sozusagen ein Seelenverwandter von Goethes Dr. Faustus geworden.

Wie war es dazu gekommen?

Eine Sackgasse

Wir wissen seit einigen Jahrhunderten, dass die Erde auf einer exakt definierten Bahn um die Sonne kreist.

Aber: Weiß das auch die Erde?

Woher weiß sie, wie weit sie zu einem bestimmten Zeitpunkt von der Sonne entfernt ist und wie sie ihre Bahn krümmen muss, damit sie auf der vorgeschriebenen Ellipsenbahn fortfährt und nicht geradlinig an der Sonne vorbeischießt?

Wie spürt die Erde die Nähe der Sonne?

Die meisten würden antworten: Dass die Erde die Sonne «spüren» muss, ist eine unsinnige Unterstellung. Jeder weiß, dass die Gravitation, die Anziehungskraft der Sonne, die Erde auf ihrer Bahn hält. Und was Gravitation ist, das wissen die Physiker. Damit ist alles erklärt. Da gibt es nichts Geheimnisvolles, Unerklärliches mehr.

Das hatte ich auch gedacht.

Doch nun musste ich feststellen, dass die Physiker eben nicht wissen, was Gravitation ist. Keiner meiner Professoren konnte mir erklären, wie es dazu kommt, dass zwei Massen offenbar ein Gespür dafür haben, wo sie sich relativ zueinander befinden und wie sie sich dementsprechend gegenseitig anziehen müssen. Das eigentliche Wesen, die Essenz dieses Phänomens, wird nicht geklärt, es bleibt rätselhaft.

Mehr noch: Ich musste feststellen, dass es letztlich gar nicht das Ziel der Physik ist, die Gravitation in einem endgültigen Sinn zu erklären. Und dies gilt nicht nur für die Gravitation, sondern auch für alle anderen Naturphänomene.

Die Physik geht von der Vorgegebenheit der Phänomene aus, ohne diese Vorgegebenheit ihrem eigentlichen Wesen nach weiter zu hinterfragen. Ihre Zielsetzung besteht lediglich darin, diese weiterhin als rätselhaft belassenen Phänomene zu beobachten, auf Gesetzmäßigkeiten zu untersuchen und diese in die Sprache der Mathematik zu übersetzen.

Mehr nicht.

Das war der entscheidende Aha-Effekt nach fünf Semestern Studium.

Die Physik erklärt nicht. Sie beschreibt nur. Sie sammelt und ordnet.

Allerdings ist sie dabei äußerst scharfsinnig und höchst abstrakt – und das verleiht ihr aus populärwissenschaftlicher Sicht immer wieder den Nimbus einer Wissenschaft, die alles erklären kann.

Das Sammeln besteht in der Durchführung von Experimenten. Das Ordnen besteht in dem Versuch, die inneren Abhängigkeiten der experimentellen Ergebnisse aufzudecken und in möglichst wenigen, möglichst «eleganten» mathematischen Formeln darzustellen: den physikalischen Gesetzen, deren Gesamtheit dann die jeweilige physikalische Theorie bildet, wie etwa die der Gravitation.

Angetrieben wird dieser Prozess der Theorienbildung von dem Wunsch, zu immer grundsätzlicheren Gesetzen vorzustoßen, mit denen ein immer größeres Spektrum an Phänomenen beschrieben werden kann.

Dazu bedient man sich in den meisten Fällen der Methode der Modellbildung. Dabei wird versucht, die experimentell gefundenen Ordnungen und Zusammenhänge auf noch grundlegendere, kompaktere Ordnungen und Zusammenhänge zurückzuführen. Diese sind aber nun nicht mehr direkt aus Beobachtungen abgeleitet, sondern werden als Annahmen oder physikalische Modellvorstellungen zunächst einmal postuliert und anschließend daraufhin überprüft, ob Beobachtungen korrekt beschrieben werden.

Gewissermaßen handelt es sich um Grenzübergänge vom Materiellen zum Geistigen: Die Objekte der Beschreibung verschieben sich von beobachteten Ordnungen im messbaren, materiellen Bereich zu hypothetischen, gedanklichen Konstrukten und ihren logischen Zusammenhängen, den physikalischen Modellvorstellungen. Diese Grenzübergänge zu vollziehen und solche Modellvorstellungen zu finden, gehört zu den aufregendsten Momenten in der Arbeit eines Physikers.

Gerade die Mächtigkeit solcher Modellvorstellungen, die darin besteht, eine Vielzahl von Phänomenen vorherzusagen, ist einer der Gründe dafür, dass man der Physik die Fähigkeit zuschreibt, alles erklären zu können. Und doch handelt es sich bei den Modellvorstellungen auch nur wieder um Beschreibungen vorgegebener und nach wie vor rätselhafter Gesetzmäßigkeiten, auch wenn diese im Unterschied zu den direkt aus den Beobachtungen gefundenen Ordnungen nunmehr hypothetische Ordnungen geistiger Konstrukte sind. Letztere kommen dabei meist in noch rätselhafterem Gewand daher als die Erscheinungen selbst.

Dementsprechend sind physikalische Theorien auch grundsätzlich von einer gewissen Unsicherheit gekennzeichnet, da sich die zugrunde liegenden Modelle immer einer Überprüfung durch weitere Experimente stellen müssen. In diesem Sinne sind sie nie endgültig, da sie jederzeit durch neue empirische Erkenntnisse relativiert werden können.

Das heißt, dass die Physik nicht nur das Wesen der Natur lediglich beschreibt, statt es zu erklären, sondern auch, dass diese Beschreibungen selbst einer ständigen Relativierung unterworfen sind. Dies geschieht allerdings in so großen zeitlichen Abständen, dass mitunter der irrige Eindruck entsteht, man habe nun die endgültige Theorie gefunden.

Eine neue Theorie ist beispielsweise dann entstanden, wenn sie neben erweiterten Beschreibungsmöglichkeiten auch eine Verfeinerung einer älteren Theorie in dem Sinne beinhaltet, dass sie eine Herleitung der Gesetze dieser älteren Theorie ermöglicht.

Zum Beispiel konnte man aus der neueren Theorie der ständig gegeneinanderstoßenden Moleküle in Gasen die älteren Gesetze des Gasdrucks ableiten und sie in diesem Sinne aus der neueren Theorie «erklären».

Übrigens scheint gerade diese Art des Erklärens ein weiterer Grund für das populärwissenschaftliche Missverständnis zu sein, eines Tages werde die Physik in der Lage sein, alles zu erklären. Denn es scheint ja so, als ob die Physik auf diese Weise in der Lage ist, bislang noch Unerklärtes sukzessive immer tiefer zu verstehen, so dass es nur noch eine Frage der Zeit sein kann, bis alles erklärt ist.

Doch dass diese Hoffnung ein Irrtum ist, war nun für mich nicht mehr zu leugnen: Bei diesem vermeintlichen Erklären geschieht nichts weiter, als dass man Beschreibungen auf andere, subtilere Beschreibungen zurückführt. Nach wie vor bleibt es bei einem bloßen Ordnen und Beschreiben der Phänomene unseres Daseins, deren Vorgegebenheit dabei trotz aller Subtilität der Darstellung auch nicht das Geringste ihrer Rätselhaftigkeit eingebüßt hat. Im Gegenteil: Je subtiler die Theorien werden, als desto geheimnisvoller erweist sich die zugrunde liegende Wirklichkeit.

Eine weitere Art der Selbstrelativierung der Physik besteht neben dieser sukzessiven Verfeinerung darin, dass mitunter ältere Theorien radikal umgekrempelt und in ihrem früheren universellen Gültigkeitsanspruch als falsch erkannt werden – nur in Grenzbereichen können sie noch näherungsweise gültig bleiben. In diesem Fall wird die vermeintliche Fähigkeit der Physik, die Welt erklären zu können, also von ihr selbst in Frage gestellt.

Der berühmte Physiker Stephen Hawking schreibt in seinem Buch *Einsteins Traum*, «dass eine physikalische Theorie immer nur ein mathematisches Modell ist, mit dessen Hilfe wir die Ergebnisse unserer Beobachtungen beschreiben. Eine Theorie ist eine gute Theorie, wenn sie ein elegantes Modell ist, wenn sie eine umfassende Klasse von Beobachtungen beschreibt und wenn sie die Ergebnisse weiterer Beobachtungen vorhersagt. Darüber hinaus hat es keinen Sinn zu fragen, ob sie mit der Wirklichkeit übereinstimmt, weil wir nicht wissen, welche Wirklichkeit gemeint ist».[1]

Deutlicher kann kaum ausgedrückt werden – und das aus berufenstem Munde –, dass die Physik nicht die Instanz ist, letzte Wirklichkeiten zu erklären.

Rätsel der Materie

Eine gute Illustration dieser allgemeinen Betrachtungen liefert die eingangs erwähnte Gravitationstheorie, anhand derer im Folgenden gleichzeitig vielleicht auch etwas von dem faszinierenden Abenteuer physikalischer Forschungen vermittelt werden kann.

Ausgangspunkt war die für damalige Verhältnisse revolutionäre Erkenntnis von Kopernikus und Galilei, dass die Planeten nicht etwa um die Erde, sondern um die Sonne kreisen. Nun galt es, die innere Ordnung, die Gesetze zu finden, nach denen sich die Planeten auf ihren Bahnen um die Sonne richten.

Wohlgemerkt: Von der Anziehungskraft der Sonne wusste man damals noch nicht das Geringste, aber diese unablässige Suche nach Ordnungen in den Naturphänomenen stieß schließlich das Tor zu unserem heutigen Wissen über diese seltsame Eigenschaft der Sonne und letztlich aller Objekte in unserem Weltall auf.

Dazu mussten auf der Basis unendlich akribischer Beobachtungen die grundsätzlichen Gesetzmäßigkeiten in der Bewegung der Planeten erst einmal erarbeitet werden.

Diese Mammutarbeit leisteten im sechzehnten und siebzehnten Jahrhundert der dänische Astronom Tycho Brahe und der deutsche Mathematiker Johannes Kepler, der als Brahes

Assistent mit ihm zusammengearbeitet hatte. Die Zusammenhänge, die sie schließlich fanden, die sogenannten Kepler'schen Gesetze, stellten eine erste kompakte mathematische Beschreibung dieser Gesetzmäßigkeiten dar.

Diese «Theorie» der Planetenbahnen zeigt noch deutlich den rein beschreibenden Charakter aller physikalischer Theorien, denn es handelt sich lediglich um die Feststellung, dass sich Planeten auf Ellipsenbahnen bewegen, und um die Aufzählung der beobachteten mathematischen Zusammenhänge zwischen Umlaufzeiten und Abständen von der Sonne. Die Angabe tieferer, zugrunde liegender Gesetze im Sinne einer Modellvorstellung fehlt.

Den entscheidenden Durchbruch zu einer derartigen Modellvorstellung schaffte Sir Isaac Newton. Möglicherweise war dieser geniale Mathematiker und Physiker der erste Naturwissenschaftler überhaupt, der den Grenzübergang von den rein materiell beobachteten Gesetzmäßigkeiten zum Postulat gedanklicher Konstrukte und ihrer Zusammenhänge – den Schritt zur Modellbildung – vollzog.

Stark vereinfacht lässt sich dieser faszinierende Schritt folgendermaßen nachvollziehen: Zunächst stellte Newton fest, dass jede Beschleunigung eines Objektes durch eine Kraft hervorgerufen wird und dass die Größe der Beschleunigung zu dieser Kraft proportional ist. Diese Erkenntnis formulierte er in seinem berühmten Bewegungsgesetz: «Das Produkt aus Masse mal Beschleunigung eines Körpers ist gleich der Kraft, die auf diesen Körper einwirkt.»

Nun machte er die Beobachtung, dass alle Objekte beim Fall auf die Erde eine Beschleunigung erfahren – ergo musste die Erde eine Kraft auf die Objekte ausüben. Und irgendwann kam dann dieser erregende Moment, der für Jahrhunderte unser naturwissenschaftliches Weltbild maßgeblich prägen sollte: Newton erkannte in einem Gedankenblitz, dass die gleiche Kraft, die die Erde auf einen vom Baum fallenden Apfel ausübt, auch zwischen Sonne und Planeten und letztlich zwischen allen Körpern wirkt.

Damit hatte er die Gravitationskraft entdeckt!

Mit den Kepler'schen Gesetzen und seinem Bewegungsgesetz war es nun für Newton ein relativ Leichtes, mit einigen mathematischen Operationen zu einer Modellvorstellung dieser Kraft, zu seinem Newton'schen Gravitationsgesetz, zu kommen. Dieses Gesetz erlaubte es nicht nur, die Kepler'schen Gesetze auf eine kompaktere Beschreibung zurückzuführen, sondern stellte insgesamt eine universelle Theorie der Gravitation zwischen beliebigen Körpern dar. Eine Theorie, die 350 Jahre zu den unwidersprochenen theoretischen Grundpfeilern der Physik gehörte.

Für mich als Suchendem auf dem Weg zu den Ursprüngen war nun die entscheidende Frage: Konnte diese Theorie die bei Kepler fehlende tiefere Erklärung für das Wesen der Gravitation liefern?

Das Newton'sche Gravitationsgesetz geht davon aus, dass jeder Körper um sich herum ein Feld erzeugt, das wiederum auf einen anderen Körper eine Kraft ausübt, deren Größe und Richtung in jedem Moment mittels des Gravitationsgesetzes berechnet werden können.

Die Sonne erzeugt also etwas, sie lässt etwas in dem sie umgebenden Raum entstehen.

Ein Feld.

Und dieses Feld übt eine Wirkung auf die Planeten aus.

Ich war um nichts klüger geworden.

Ich hatte eine Erklärung gesucht und eine Modellvorstellung gefunden: eine Annahme, dass es ein Feld geben müsse, und die Beschreibung der Ordnung oder Gesetzmäßigkeit, nach der dieses Feld mit den erzeugenden Massen zusammenhängen sollte.

Über das Eigentliche, also auf welche Weise die Sonne dieses Kraftfeld im Weltraum entstehen lässt, was dieses Feld eigentlich ist und auf welch rätselhafte Weise das Feld wiederum auf die Planeten einwirkt, wie die Planeten diese Wirkung spüren und auf sie reagieren können, darüber schweigt sich dieses Gesetz vollkommen aus. Newton hatte das, was er in Bezug auf die Planetenbahnen beobachtet hatte, auf das hypothetische, gedankliche Konstrukt eines «Feldes» zurückgeführt.

Es blieb bei einer bloßen Beschreibung. Und zwar der Beschreibung des nach wie vor Unerklärlichen, denn dieses Konstrukt eines Feldes war für mich mindestens ebenso rätselhaft wie das Phänomen der Gravitation selbst. Die tiefere Ursache, ein echter ontologischer Bezug, fehlte mir hier genauso wie bei Kepler.

Kepler hatte konstatiert, dass es Ellipsen gibt, und diese mathematisch beschrieben.

Newton hatte konstatiert, dass es ein Kraftfeld gibt, und dieses mathematisch beschrieben.

Des einen Ellipsen waren des anderen Kraftfeld.

Zwar lässt sich Kepler auf Newton zurückführen, aber das heißt nicht, dass Newton Kepler erklärt hätte. Denn worauf konnte man Newton zurückführen?

Allerdings war man nun mit der Newton'schen Theorie in der Tat in der Lage, einen großen Teil aller Phänomene zu beschreiben, die mit den Anziehungskräften von Massen zu tun haben – auch derjenigen, die man jetzt erst nachträglich auf ihr Verhalten untersuchte. Dementsprechend groß war die populärwissenschaftliche Versuchung, die Frage nach dem eigentlichen Wesen der Gravitation zu unterdrücken und die erweiterte Beschreibungsfähigkeit bereits als Erklärung zu werten.

Aber es war keine Erklärung.

Es blieb eine bloße Beschreibung.

Die gefundene Ordnung ließ sich auf ein ungeheuer weites Spektrum ausdehnen, ihre Gültigkeit war offenbar universeller Natur – das war erfreulich. Aber die Vorgegebenheit dieser Ordnung und ihre Eigenart blieben ein Rätsel. Und das war unerfreulich.

Zumindest für mich, der ich ja gehofft hatte, dass die Welt eine Maschine ist, die durch die Physik restlos erklärt werden kann – ohne weitere Geheimnisse und aus sich selbst heraus. Um diese Erklärungen zu verstehen, hatte ich nun mit großen Erwartungen einen beträchtlichen Teil meiner jugendlichen Jahre und Energie aufgewandt!

Doch die Physik hatte sich als reine Phänomenologie entpuppt. Sie hatte keinen ontologischen Anspruch. Es gehörte nicht zu ihrem Handwerk, die Essenz der Phänomene aufzuspüren. Ich war einem allgemeinen Trugschluss aufgesessen, der eine in ihrer Dimension für mich aus heutiger Sicht völlig unbegreifliche Verbreitung genießt. Denn allenthalben hält man das Entdecken und Beschreiben vorgegebener Ordnungen bereits für eine Erklärung!

In welchem Ausmaß dieser Trugschluss in der Allgemeinheit, aber erstaunlicherweise auch bei vielen Physikern verbreitet ist, lässt sich daran ersehen, dass viele denken, ein Urheber allen Seins sei aufgrund der naturwissenschaftlichen Erkenntnisse überflüssig.

Diese Folgerung erschien mir aufgrund allein schon des Basiswissens der Physik, über die ein Vordiplomand verfügt, nun geradezu unfassbar. Nach der gleichen Logik könnte man folgern, dass nach genauer Analyse und anschließender sorgfältiger Beschreibung der Architektur und Bauweise eines Hauses die Existenz eines Architekten eine überflüssige Hypothese sei.

Rätsel des Raumes

Wie schon erwähnt: Es ist die Physik selbst, die die Allgemeingültigkeit ihrer Beschreibungen und damit erst recht das populärwissenschaftliche Missverständnis hinsichtlich ihrer Fähigkeit, die Welt grundsätzlich erklären zu können, im Laufe der Geschichte immer wieder in Frage stellt. Dies zeigt sich unter anderem wieder an der Gravitationstheorie, die mit der Veröffentlichung der Allgemeinen Relativitätstheorie durch Albert Einstein im Jahre 1915 auf eine Weise umgekrempelt wurde, von der Newton sich nie hätte träumen lassen.

Diese faszinierende Umwälzung lässt sich zumindest in den Grundzügen im Nachhinein verhältnismäßig leicht nachvollziehen, auch wenn der Weg dorthin einen ungeheuren gedanklichen Wagemut und höchste gedankliche Disziplin verlangte. Einstein war nämlich etwas aufgefallen, dessen Konsequenzen bislang unbeachtet geblieben waren.

Anhand des Beispiels der Bahn der Erde um die Sonne kann man das etwa folgendermaßen beschreiben: Zur Berechnung dieser Bahn wird das bereits erwähnte Newton'sche Bewegungsgesetz verwendet: «Das Produkt aus Masse mal Beschleunigung eines Körpers ist gleich der Kraft, die auf diesen Körper einwirkt.»

Mathematisch formuliert ist dieses Gesetz eine Gleichung, in der links vom Gleichheitszeichen das Produkt aus der Masse der Erde mit ihrer Beschleunigung steht und rechts die Anziehungskraft, mit der die Sonne an jedem Punkt der Erdbahn auf die Erde einwirkt und sie beschleunigt:

Erdmasse x Beschleunigung = Anziehungskraft der Sonne

Diese Anziehungskraft der Sonne ist das besagte Newton'sche Gravitationsfeld. Nach der Newton'schen Theorie berechnet sie sich aus einer Reihe von Faktoren, zu denen auch die Masse der Erde gehört. Eingesetzt in die obige Gleichung ergibt sich:

Erdmasse x Beschleunigung = Erdmasse x weitere Faktoren

Die Masse der Erde taucht also sowohl links als auch rechts vom Gleichheitszeichen auf. Damit kann sie aus der Gleichung herausgekürzt werden. Das bedeutet, dass die Masse der Erde in der Bahngleichung gar nicht mehr auftaucht (auf einige zusätzliche diesbezügliche Überlegungen zu der Gleichheit von schwerer und träger Masse sei hier der Einfachheit halber verzichtet):

Beschleunigung (der Erde) = von der Erdmasse unabhängige Faktoren

Das bedeutet, dass die Bahn der Erde nicht von ihrer eigenen Masse abhängt. An die Stelle der Erde könnte man auch den viel kleineren Pluto setzen oder den gigantischen Jupiter – alle würden gemäß der Newton'schen Theorie rein rechnerisch auf der Bahn der Erde bleiben, sofern man ihnen nur in dem Moment, in dem man sie an die Stelle der Erde setzt, die gleiche Richtung und Geschwindigkeit wie die der Erde mitgeben könnte.[2]

An dieser Stelle kam Einstein die entscheidende Erkenntnis: Er folgerte, dass es sich bei der Gravitationswirkung der Sonne offenbar nicht um eine Kraftwirkung auf die Massen der verschiedenen Planeten handelte, wie Newton es angenommen hatte, sondern um eine Wirkung auf die Geometrie, in der diese Bahnen beobachtet und vermessen werden.

Dies war der revolutionäre Gedanke, der die moderne Gravitationstheorie und mit ihr die Basis unseres heutigen Wissens über die Entwicklung des Weltalls hervorbrachte!

Es handelt sich hier jedoch wieder um eine reine Modellvorstellung, die sich allerdings radikal vom Newton'schen Modell unterscheidet. Die Sonne bewirkt kein Feld mehr, sondern eine Verkrümmung der Geometrie des Raumes. Die möglichen Wege der Himmelskörper sind durch diesen gekrümmten Raum um die Sonne auf ganz spezielle Weise eingeschränkt, so dass die Planeten und Kometen Ellipsen- beziehungsweise Hyperbelbahnen beschreiben müssen.

Eine gute Veranschaulichung dieser Vorstellung liefert der Vergleich mit einer Laus, die auf der Oberfläche eines aufgeblasenen Luftballons entlangkrabbelt. Läuft diese Laus immer geradeaus, ohne Abweichung zur Linken oder zur Rechten, dann kommt sie nach der Umrundung des Ballons wieder an ihren Ausgangspunkt zurück. Das heißt, sie durchläuft eine geschlossene Kreisbahn, was offensichtlich damit zusammenhängt, dass die Ballonoberfläche gekrümmt ist.

Würde der Ballon platzen, und man würde das Teilstück, auf dem sich die Laus gerade befindet, auf eine ebene Unterlage legen, dann würde die Laus auf einer geraden Linie weiterkrabbeln. In diesem Falle bliebe ihr die Überraschung, sich plötzlich wieder am Ausgangspunkt ihrer Expedition zu befinden, erspart. Erst die Krümmung der Oberflächengeometrie bewirkt, dass die «Bahnen» der Laus geschlossene Linien ergeben.

Völlig analog hierzu, aber wegen des Übergangs von den zwei Dimensionen der Ballonoberfläche zu den drei Dimensionen des Raumes vorstellungsmäßig kaum nachvollziehbar, werden die Bahnen von Planeten in einer gekrümmten Raumgeometrie zu geschlossenen Kreisen und Ellipsen. Und dass die Raumgeometrie gekrümmt ist, das nun bewirkt die Masse der Sonne.

Ein ungeheurer Gedanke!

Massen verkrümmen die Geometrie des Raumes!

Lässt sich die Kühnheit dieses gedanklichen Schritts schon kaum ermessen, so war die intellektuelle Herausforderung nicht minder gewaltig, die jetzt noch auf Einstein wartete. Dieser Gedanke hätte nämlich nur dann Bestand, wenn es ihm gelänge, die Gesetzmäßigkeiten zu finden, nach denen Massen auf den sie umgebenden Raum einwirken.

Zunächst musste er an die Stelle des Newton'schen Gravitationsfeldes, das von der Sonne erzeugt wird und auf die Planeten einwirkt, ein wesentlich komplexeres gedankliches Konstrukt setzen, den sogenannten metrischen Tensor. Es handelt sich dabei um eine Zahlentabelle, die das maßgebliche mathematische Objekt zur Beschreibung einer allgemeinen gekrümmten Geometrie darstellt.

Nun musste er die Gleichungen finden, anhand derer berechnet werden konnte, wie gravitierende Massen diesen metrischen Tensor bestimmen.

Eine gewaltige Herausforderung. Aber es gelang!

Die Erstellung der sogenannten Einstein'schen Feldgleichungen gehört zu den eindrucksvollsten Leistungen, die je ein Physiker erbracht hat.

Doch nun war das Wesen der Gravitation noch geheimnisvoller geworden.

Das rätselhafte Phänomen, dass Äpfel senkrecht vom Baum auf den Boden fallen und dass Planeten die Sonne umkreisen, mitsamt den dazugehörigen Gesetzmäßigkeiten, wie sie Kepler in mühevoller Kleinarbeit zusammengetragen hatte, war nun auf ein noch rätselhafteres gedankliches Konstrukt reduziert: auf die Vorstellung eines metrischen Tensorfeldes, das auf eine unerklärliche Art und Weise von Massen beeinflusst werden kann.

Auch hier liefert die Theorie nicht mehr und nicht weniger als eine Beschreibung von Ordnungen oder Gesetzmäßigkeiten zwischen beobachtbaren und gedanklichen Entitäten, auch wenn diese sich radikal von denen der Newton'schen Theorie unterscheiden. Das Geheimnis der Existenz der Gravitation und seiner Gesetzmäßigkeit ist um nichts transparenter geworden.

Allerdings ist die Einstein'sche Theorie um ein Vielfaches mächtiger als die Newton'sche, denn sie beschreibt nicht nur einiges sehr viel präziser, sondern hat vor allem auch Phänomene vorhergesagt, die bis dahin noch niemand beobachtet hatte und die dann in der Tat, zum Teil erst Jahre später, auf der Basis von Messungen bestätigt wurden.

Diese Phänomene hatten die Fachwelt immer wieder in helle Aufregung versetzt, wie etwa die Ablenkung des Sternenlichts an der Sonne, die Existenz von Gravitationslinsen im Weltall, die Verlangsamung von Uhren in der Nähe großer Massen, schwarze Löcher, die Fluchtbewegung der Sterne sowie der später auch von astronomischen Messungen nahegelegte Urknall.

Dieser Big Bang, der noch vor seiner messtechnischen Bestätigung in den Lösungen der Einstein'schen Feldgleichungen in der Form einer sogenannten Singularität erkannt wurde, ist vielleicht das Faszinierendste, was die Physik jemals an Ergebnissen hervorgebracht hatte. Er führt zu einem radikalen Bruch mit dem Verständnis, das die gesamte Welt einschließlich der Gilde der Naturwissenschaftler bis dato von der Natur des Weltalls hatte.

Hatte man bislang das Universum als statisch und unendlich, ohne Anfang und ohne Ende gesehen, so beschrieben die Einstein'schen Feldgleichungen einen Kosmos, der gewissermaßen in einem einzigen Schöpfungsakt aus dem für den menschlichen Verstand unvorstellbaren Zustand entstanden ist, in dem es weder Raum noch Zeit gegeben hat.

Doch trotz aller Faszination, die diese und viele andere Ergebnisse der Physik auf mich ausübten – ein für alle Mal stand fest: Dies war nicht der Weg, der mich ans Ziel meiner Expedition bringen konnte.

Das war der Big Bang meiner persönlichen Erkenntnis. Ich wollte mehr als nur Beschreibungen. Ich wollte hinter die Phänomene schauen. Ich wollte zum Ursprung. Allmählich wurde mir klar, dass ich den Urheber schauen wollte. Wenn es ihn denn gäbe.

War der Big Bang vielleicht ein Hinweis auf seine Existenz?

Rätsel des Lebens

Doch mehr als ein Hinweis konnte es nicht sein. Denn mir war unwiderruflich klar geworden, dass die Naturwissenschaft kein Urteil über die Existenz oder Nichtexistenz eines Urhebers abzugeben vermag und dies auch nicht im Entferntesten ihr Ziel ist.

Wie schon gesagt: Ich hatte für mich die Erkenntnis gewonnen, dass die Aufgabe der Naturwissenschaft im Sammeln von Daten und der Beschreibung dabei entdeckter Ordnungen vorgegebener Naturphänomene liegt, nicht in der Enträtselung ihres eigentlichen Wesens, ihrer Sinnfälligkeit oder Herkunft.

Hypothesen über mutmaßliche tiefere Zusammenhänge können nicht darüber hinwegtäuschen, dass auch sie nur abstraktere Formen von Beschreibungen darstellen, die sich überdies ständig an neu entdeckten Phänomenen messen lassen müssen. Sie können sogar, wie anhand der Gravitationstheorie exemplarisch beschrieben, von diesen relativiert oder auch falsifiziert werden.

Vor dem Hintergrund dieser Erkenntnis begegnete ich zum ersten Mal der Evolutionslehre. Da sie hinsichtlich der Frage, ob dieses Leben einen Sinn hat oder lediglich das Ergebnis eines blinden Zufalls ist, zu gravierenden Schlussfolgerungen führen kann, hatte sie im Rahmen meiner Expedition zum Ursprung natürlich einen nicht zu vernachlässigenden Stellenwert.

Allerdings befasste ich mich mit diesem Thema nicht in meiner Zeit als Student in Göttingen, sondern erst einige Jahre später. Trotzdem möchte ich die entsprechenden Betrachtungen bereits an dieser Stelle einflechten, um den naturwissenschaftlichen Teil meiner Expedition sozusagen in einem Guss zu präsentieren.

Wie bei allen Naturwissenschaften musste es sich auch hier um das Ergebnis einer akribischen Sammlung vorgegebener Phänomene handeln und um den Versuch, die zugrunde liegenden, aber nach wie vor rätselhaften Ordnungen und Gesetzmäßigkeiten zu entdecken und zu beschreiben.

In Analogie zu den erwähnten Kepler'schen Gesetzen der Planetenbewegung hatte man hier als Gesetzmäßigkeit entdeckt, dass sich die belebte Natur perfekt mittels des genialen Tricks anpassen kann, ständig Varianten durch Mutation oder Kreuzung innerhalb einer Art zu erzeugen und die optimalen Varianten nach dem Prinzip des Überlebens des Stärksten zu selektieren.

Ähnlich wie Sir Isaac Newton, der ausgehend von den Kepler'schen Gesetzen zu der Hypothese eines von Massen erzeugten Gravitationsfeldes gelangte, schloss Charles Darwin von der Anpassung oder Entwicklung innerhalb einer biologischen Art, der sogenannten Mikro-Evolution, auf die Entwicklung von einer Art aus der anderen, der Makro-Evolution. Dabei wird bekanntlich angenommen, dass diese Makro-Evolution zielgerichtet ist: Sie erfolgt von einfachen zu komplexeren Organismen, so dass sich eine Evolutionskette ergibt, an deren Anfang der Einzeller und an deren Ende die Menschheit steht.

So interessant mir diese Hypothese zunächst vorkam – problematisch erschien mir der «Sprung-Vorgang» selbst, also die Geburt einer neuen Art durch eine ältere, und die entsprechende empirische Untermauerung.

Es müsste beispielsweise anhand archäologischer Funde – in versteinerter oder anderweitig konservierter Form – nachgewiesen werden, dass ein Affe durch eine Mutter einer primitiveren, von den Affen eindeutig verschiedenen Art geboren wurde.

Sollte im weiteren Verlauf der Evolution der Mensch ebenfalls als Folge eines Artensprungs aus den Affen entstanden sein, müssten analoge archäologische Nachweise erbracht werden – etwa in Form einer versteinerten Affenmutter mit Menschenkindern in ihrer unmittelbaren Umgebung.

Wenn sich anderseits Affe und Mensch parallel aus dem gleichen Vorgänger in der Evolutionskette entwickelt haben sollten, dann wäre als Mutter nicht eine Äffin, sondern ein primitiveres, eindeutig nicht zu den Affen zählendes Wesen nachzuweisen.

Auch der Einwand, dass sich der Artensprung natürlich nie in dieser drastischen, eindeutig beobachtbaren Form vollzogen hatte, sondern in unendlich feinen Abstufungen, die in Jahrmillionen zu einem allmählichen Übergang vom Affen oder der Vorgänger-Art zum Menschen geführt hatten, konnte mich nie so recht überzeugen.

Zunächst wäre aus meiner Sicht hier die Frage zu beantworten, was ein «unendlich feiner Artensprung» bedeutet, denn es geht hier ja nicht um die gut bewiesene, allmähliche Anpassung innerhalb einer Art, sondern darum, dass eine völlig neue Art als Nachkomme aus einer anderen hervorgeht. Diese neue Art muss klare Unterschiede aufweisen, so dass mit Fug und Recht von zwei unterschiedlichen Arten gesprochen werden kann.

Sofern diese keineswegs triviale Definition eines beliebig kleinen Artensprunges aber geklärt werden könnte, müsste man nun nach den vorhergesagten unendlich vielen Arten der Noch-Affen und der Gattung der Fast-Menschen suchen, von denen sogar heute noch eine Vielzahl unsere Erde bevölkern müsste. Denn es besteht a priori kein Grund, warum nur die Zwischenarten, nicht aber der Affe und der Mensch dem evolutionären Selektionsdruck zum Opfer gefallen sein sollten.

Außerdem bestünde eine gewisse Hoffnung, dass eine Menschenmutter eines Tages ein Baby in den Armen halten wird, das eindeutig nicht mehr zur Gattung Mensch, sondern zu einer deutlich als solcher erkennbaren anderen, höheren Art gehört. Entsprechend der Hypothese vom Sprung der Arten dürfte dieses Wesen dabei nicht etwa in dem Sinne andersartig sein, dass wir geneigt wären, von Missbildungen zu sprechen, sondern es müsste eine neue, vom Menschen deutlich unterscheidbare Art sein.

Jedenfalls erschien mir persönlich die Evolutionstheorie Darwins, sofern sie sich auf den Artensprung bezieht, zwar eine interessante Hypothese zu sein, die aber noch nicht über den Status einer solchen hinausgekommen war.

Nun gibt es bekanntlich noch eine Erweiterung dieser Evolutionslehre: Zusätzlich zur Entwicklung von einer Art zur anderen wird postuliert, dass sich die allererste lebende Art, der Einzeller, aus unbelebter Materie gebildet hat.

Die zugrunde liegende Hypothese ist, dass der Sprung aus der unbelebten in die belebte Natur durch ein Jahrmilliarden währendes Zufallsspiel gelang. Dabei würden immer neue chemische Verbindungen und Molekülketten unter der Einwirkung von Wärme, elektrischen Entladungen und anderen Effekten zusammengefügt, bis die richtige mechanische und elektro-chemische Konfiguration einer lebensfähigen Zelle gefunden war.

Diese musste als Minimum unter anderem einen internen Energiespeicher beinhalten; dazu eine einfache DNA-Sequenz aus etwa 100.000 Nukleotiden zur Speicherung des Bauplans der Zelle und anderer, die Funktion der Zelle betreffender genetischer Informationen; eine Möglichkeit zur Herstellung eigener Proteine; einen Trägerstoff, die sogenannte Boten-RNA in Form von Aminosäuren zur Kopie und zum Transfer der genetischen Information aus dem Zellkern in die Zelle hinein, damit diese ihre verschiedenen Funktionen ausüben kann, und die äußerst komplexe mechanische Struktur einer hinreichend stabilen, anderseits aber nahrungs- und abfalldurchlässigen Membran, die das Ganze umschließt.

Nun ist offensichtlich ein Beweis dieser Hypothese nicht so ohne weiteres möglich, da uns weder die «Ursuppe», das vorzeitliche Gemisch aus Flüssigkeiten und Gasen, noch die unendlich langen Zeiträume zur Verfügung stehen, um diesen Vorgang in einem Experiment nachzuvollziehen.

Allerdings ist es gelungen, neben einer Vielzahl anderer Verbindungen Grundbausteine von Lebewesen wie zum Beispiel Aminosäuren zu produzieren, und zwar in einer Art nachempfundener Ursuppe, in der man durch elektrische Entladungen Blitze in der urzeitlichen Atmosphäre simulierte.

Dies war für mich jedoch noch kein Hinweis auf die Richtigkeit der genannten Hypothese. Der eigentliche Beweis müsste meinen Überlegungen nach ganz woanders liegen, nämlich in dem Nachweis der gleichzeitigen spontanen Entstehung der oben genannten komplexen Strukturen, Inhalte und Funktionalitäten einer Zelle und der Entstehung dieser in einer räumlich eng benachbarten Konfiguration.

Meiner Meinung nach hätte es nicht ausgereicht, dass irgendwann in den Jahrmilliarden eine DNA-Sequenz entstand, und einige Jahrmillionen später die Boten-RNA, und wiederum Jahrhunderte danach Energie speichernde Verbindungen. Alle diese komplexen Strukturen hätten per Zufall in ihrer endgültigen Ausbaustufe praktisch zum gleichen Zeitpunkt entstehen müssen, denn ohne die lebenserhaltende Bedingung des gleichzeitigen Miteinanders hätten die einzelnen Bausteine in der auf die Zelle exakt zugeschnittenen Form nicht lange überlebt.

Aber diese Gleichzeitigkeit wäre auch noch nicht ausreichend gewesen – die Strukturen hätten außerdem noch zufällig an einer Stelle, in unmittelbarer Nähe zueinander auftauchen müssen, nur hundertstel Millimeter voneinander getrennt. Und zusätzlich hätte just in diesem Moment und an diesem Ort noch per Zufall eine Membran entstehen müssen, die das Ganze dann schützend umschloss.

Zu der zufallsbedingten Entstehung hochkomplexer, aufeinander genau abgestimmter Strukturen hätte noch die zufällige räumlich-zeitliche Koinzidenz dieses Geschehens hinzukommen müssen!

Und vermutlich hätte diese Kette von Zufällen milliardenfach entstehen müssen, bis eines dieser Zufallsprodukte schließlich zufällig die unglaublich komplexe Eigenschaft erlangt hätte, die eigene genetische Information zu kopieren, sie abzuspalten und dann zu reproduzieren.

Aufgrund solcher und ähnlicher Betrachtungen erschien es mir jedenfalls so, dass es den Mathematikern sehr schwerfallen würde, die statistische Basis für einen derartigen Zufallstreffer selbst in den unterstellten riesigen Zeiträumen zu liefern.

Rätsel des Ursprungs

Insofern betrachtete ich auch diesen erweiterten Aspekt der Evolutionslehre lediglich als Hypothese, und es verwunderte mich, dass die Evolutionslehre generell als schon gesichertes

Wissen angesehen wurde und auch heute noch wird. Dies mag vielleicht an der Komplexität der Materie liegen; was mich aber restlos verblüfft, ist die Schlussfolgerung, die allenthalben aus diesem vermeintlich gesicherten Wissen gezogen wird: Aus der angeblichen spontanen Entstehung von Einzellern aus der unbelebten Natur und der daran anschließenden zufallsbedingten Entwicklung aller Arten des biologischen Lebens wird gefolgert, dass es keinen Urheber von diesem allem gibt.

Selbst wenn es sich als richtig erweisen sollte, dass Leben aus unbelebter Materie entstanden ist – woher kämen denn die Bausteine, aus denen sich diese Einzeller bildeten, und woher hätten sie diese rätselhaften Fähigkeiten, sich zu Aminosäuren, Molekülketten, Membranen, DNA und RNA und der gesamten ungeheuren Vielfalt der Erscheinungen der belebten Natur zusammenzufügen?

Diese eine Frage lässt die ganze Folgerung, dass ein Schöpfer überflüssig ist, in sich zusammenbrechen. Dass man meint, die Mechanismen der Entstehung des Lebens verstanden zu haben, konnte meinen Überlegungen zufolge auch nicht im Entferntesten zu der Schlussfolgerung führen, dass es nun keinen Urheber dieser Mechanismen und der zugehörigen Bausteine mit den erforderlichen Eigenschaften mehr gibt.

Das wäre vergleichbar mit dem Irrtum eines von der zivilisierten Welt noch unberührten Ureinwohners irgendwo in den Urwäldern der Welt (wenn es ihn denn noch gäbe), der die verlorene Uhr eines Urwaldforschers gefunden, auseinandergenommen und in ihrer Funktion verstanden hat und nun daraus schließt, dass es keinen Uhrmacher geben kann.

So unglaublich naheliegend und selbstverständlich die Erkenntnis ist, dass ein rationales Erfassen vorgegebener Strukturen und Funktionen niemals ausschließen kann, dass diese einen Urheber haben können, so unfassbar erscheint es mir, dass diese Einsicht so wenig verbreitet zu sein scheint.

Endgültig unbegreiflich war und ist mir dann aber noch die Vereinnahmung des erwähnten Big Bang durch die erweiterte Evolutionslehre. Es gibt offenbar gedankliche Strömungen, die in der Entstehung des Weltalls aus dem Nichts einen weiteren Beweis für die Überflüssigkeit eines Schöpfers zu erkennen meinen. Doch wenn es überhaupt eine Definition eines Schöpfers und seiner Tätigkeit als Schöpfer gäbe, dann doch nur die, dass er aus dem Nichts etwas erschaffen könnte. Welchen Hinweis auf die Existenz eines Schöpfers müsste die Naturwissenschaft denn erbringen, wenn nicht diesen?

Nicht von ungefähr gibt es Physiker, die die Bedeutung dieses Urknalls durchaus als Schöpfungsakt und damit als Hinweis auf einen Schöpfer erkennen. Dies allerdings in solcher Schärfe, dass sie sich unter anderem auch aus Gründen ihrer atheistischen Weltanschauung explizit um Abänderungen der Einstein'schen Feldgleichungen bemühen, um diesen Schöpfungsakt aus der Welt zu schaffen – allerdings bislang ohne Erfolg.

Zum Beispiel kommt man im sogenannten Steady-State-Modell, in dem es keinen Urknall gibt, nicht ohne die Annahme aus, dass ununterbrochen Materie aus dem Nichts entstehen und damit erschaffen werden muss. Somit liegt auch hier ein Schöpfungsakt zugrunde. Abgesehen davon ist dieses Modell durch die astronomischen Messungen widerlegt und gehört heute längst nicht mehr zu den ernst zu nehmenden kosmologischen Modellen.

Für mich bedeutete die Evolutionslehre auf meiner Expedition jedenfalls kein Hindernis in dem Sinne, dass sie mir etwa frühzeitig die Option auf den Gedanken eines Ursprungs hinter allem Leben genommen hätte.

Zur Vervollständigung sei aber noch einmal gesagt, dass der

Teil dieser Lehre, der die Entwicklung innerhalb der Arten, also die Mikro-Evolution, durch das Prinzip der Variantenbildung per Mutation oder Kreuzung und der Selektion des Stärksten begründet, natürlich hervorragend bestätigt ist. Lediglich die Übertragung auf den Entwicklungssprung von einer Art zur anderen, also die Makro-Evolution, und vor allem von der anorganischen Materie zum lebendigen Einzeller liegt weiterhin nur als Hypothese vor und dürfte auch in den Schulen und Universitäten nur als solche vermittelt werden.

Natürlich war mir auch klar, dass umgekehrt nun nicht gefolgert werden konnte, dass es einen Urheber allen Lebens geben müsse. Die Naturwissenschaft ist schlichtweg nicht die Instanz, die diese Frage beantworten kann oder will.

An diesem Punkt meiner Expedition waren Existenz wie auch Nichtexistenz einer großen Intelligenz hinter allem Sein gleichwertige Optionen, die es zu erforschen galt. Allerdings beschlich mich angesichts der zunächst völlig unerwarteten Feststellung, dass auch die theoretische Physik als Krone der Wissenschaft diese Frage offen lassen musste, zuweilen eine fast unheimlich anmutende Ahnung. Was wäre, wenn es diese Intelligenz gäbe?

Würde sie mich kennen? Wurde ich beobachtet?

Kapitel 3:
REISEN DURCH DIE PSYCHE

Da die rein rationalen Überlegungen der Wissenschaft und somit der Verstand allein sich ein für alle Mal als unzureichendes Transportmittel auf meiner Expedition zu den Urgründen des Seins erwiesen hatten, stellte sich die Frage, welche andere Möglichkeiten es gab, diese Expedition fortzusetzen.

Zunächst wurde mir die Rolle des Verstandes immer klarer. Er ist die ordnende Instanz und befähigt uns dazu, die Wahrnehmung der Dinge im Kontext zueinander und mit unseren Bedürfnissen abzugleichen, Schlussfolgerungen zu ziehen und uns auf diese Weise sinnvoll in unserer Welt zu verhalten. Entscheidend schien mir dabei die zunächst trivial anmutende Erkenntnis, dass diese Funktion erst dann zum Einsatz kommen kann, wenn bereits Wahrnehmungen vorhanden sind.

Denken ist immer ein Nach-Denken: ein Denken, nachdem Eindrücke aus der äußeren oder inneren Umwelt zu uns gedrungen sind. Zuerst hatte man die Planeten und ihre Bewegungsmuster beobachtet. Erst danach konnten die alten Griechen, die Azteken, konnten Newton und Einstein ihre Überlegungen dazu entwickeln. Und während die Beobachtung der Planetenbewegungen durch die Jahrtausende gleich geblieben ist, wurden die Ergebnisse des Nachdenkens über diese Phänomene ein ums andere Mal relativiert.

Das Primäre, Unmittelbare, Unveränderliche ist die Wahrnehmung. Die verstandesmäßige Verarbeitung ist nachgeordnet, sekundär und relativ. Das hieß, für ein wie immer geartetes Vordringen zum Ursprung allen Seins musste die direkte und unkommentierte Wahrnehmung das geeignetere Transportmittel sein, da es einen unmittelbarer und näher an das Eigentliche heranführen konnte. Diese Feststellung sollte von nun an der Wegweiser für alle weiteren Versuche werden.

Es musste also etwas im Bereich meiner unmittelbaren Wahrnehmung auftauchen, was sich bislang so noch nicht gezeigt hatte – denn sonst hätte ich ja schon gefunden, was ich suchte. Es würde sich dann hoffentlich als das Ziel meiner Expedition erweisen.

Nach eingehender Überlegung kam ich zu dem Schluss, dass es hierzu einer Art erweiterten Wahrnehmungsfähigkeit des Bewusstseins bedurfte. Es lässt sich mühelos erraten, wohin mich nun meine Suche führte.

Die Pforten der Wahrnehmung

Das Buch *Die Pforten der Wahrnehmung* von Aldous Huxley, der mit psychedelischen Drogen experimentiert hat, kannte ich damals zwar noch nicht, aber es war der Beginn der Flower-Power-Ära: Selbst in der damals noch recht verschlafenen Studentenstadt Göttingen durchwehten die eine oder andere Teestube schon am frühen Nachmittag die süßlichen Schwaden glimmenden Hanfs.

Bereits das erste persönliche Erlebnis mit diesen Schwaden ließ in mir die Hoffnung aufkeimen, dass ich hierdurch in der Tat einen Weg gefunden hatte, meinem Bewusstsein neue Möglichkeiten der Wahrnehmung zu eröffnen, die mich näher an mein Ziel heranbringen würden.

Kapitel 3: REISEN DURCH DIE PSYCHE

Diese Neuausrichtung meiner Expedition von einer Exploration der Möglichkeiten des Verstandes zu den Huxley'schen Pforten der Wahrnehmung verlief natürlich noch nicht in dieser klaren Konsequenz und auch nicht im vollen Bewusstsein dessen, was sich da in mir abspielte.

Dass ich mich überhaupt auf dieser Reise zu einer tieferen Erklärung meines Daseins befand, stand mir eigentlich nur hin und wieder vor Augen, etwa während des einen oder anderen alkoholgeschwängerten, weinerlich-philosophischen Abends mit seelenverwandten Freunden und Freundinnen. Dann konnte es sein, dass sich im Verlaufe der Gespräche die Nebel der alltäglichen Gewöhnung an das Unfassbare lüfteten und eine ganz andere Sicht der Dinge freigaben.

Dann wurde uns etwa bewusst, dass die Erde in Wirklichkeit ein Klumpen uralter, auf der Oberfläche erkalteter und verkrusteter Sternenmasse ist, der mit immenser Geschwindigkeit in der Leere des Weltalls unterwegs ist, auf einer Umlaufbahn um ein atomares Urfeuer von unvorstellbarer Gewalt, das seinerseits nur eines von hundert Milliarden anderer, viel gewaltigerer derartiger kosmischer Brände ist, den Sternen, die ihrerseits zu einer Galaxie, einem riesigen, spiralförmigen, rotierenden Gebilde gehören, das wiederum nur eine von etwa hundert Milliarden anderen Galaxien darstellt in einem Weltall, das in einer gigantischen Respirationsbewegung über Äonen hinweg expandiert und kontrahiert – ein Schauspiel, dessen Dimensionen alle Vorstellungskraft übersteigen.

Und auf seiner rasenden Irrfahrt durch diese gespenstische Kulisse reißt dieser Splitter aus Sternenstaub namens Erde Milliarden von wimmelnden Wesen mit sich: Langusten, Würmer, Bazillen, Wale, Schnecken, Skorpione, Affen, Nashörner, Tintenfische, Viren, Giraffen, Aale, Nilpferde und Menschen.

Es sind Gebilde unglaublicher Komplexität, mit Skeletten oder Chitinpanzern als tragenden Strukturen, mit Fleischwülsten, Bändern, Haut, Pumpen, Ventilen, unendlich fein verästelten flexiblen Rohrleitungen, hochkomplexen neuronalen Netzen, Übertragungsbahnen für elektro-chemische Impulse, Vorrichtungen zur Erzeugung von Geräuschen, Systemen zum Empfang dieser Geräusche, Linsen, Verschlusssystemen für diese Linsen, Raffinerien zur chemischen Aufbereitung von zerkauten Pflanzen oder ganzer lebender Wesen sowie zum Abbau und Entsorgen von Resten, Vorrichtungen zum Laufen, Fliegen, Schwimmen, Greifen, Fangen, Beißen, Zerkleinern, Zermahlen …

Und alle diese Kreaturen mit irgendwelchen Funktionen und Absichten und Zielsetzungen, ständig in Bewegung, fressend, zeugend, spielend, lernend, lauernd, kämpfend, leidend, sterbend – ein unaufhörlicher Strom ständig entstehender und vergehender lebender Strukturen.

Und inmitten dieser aberwitzigen Versammlung seltsamster Wesen, durch unerklärliche Kräfte festgehalten auf diesem rotierenden, durch die Schwärze des Alls rasenden Gesteinsbrocken, gibt es eine Kreatur mit einer Befindlichkeit, deren Rätselhaftigkeit allen bisherigen Erklärungsversuchen kategorisch getrotzt hat: mich.

Wer bin ich?

Die Wirkung setzte immer urplötzlich ein, fast wie ein Schlag ins Gesicht, dessen Muskeln sich in Sekundenbruchteilen entspannten. In dieser tiefen Entspannung, die sich im ganzen Nervensystem ausbreitete, schien es, als ob sich die Zeit verlangsamte.

Es war, als ob der Fluss der Zeit grobkörniger würde. Die einzelnen Ereignisse wurden deutlicher, individueller. Man nahm nichts wahr, was man nicht auch sonst wahrgenommen hätte, aber alles erschien um ein Vielfaches intensiver und detaillierter. Anderseits schien man nur auf einen bestimmten Ausschnitt des Umfeldes konzentriert zu sein. Offenbar kam es zu einer Fokussierung auf einen eingeengten Bereich, so dass dieser mit umso größerer Deutlichkeit und Auflösung der Details ins Bewusstsein gelangen konnte.

Insofern handelte es sich eher um eine Bewusstseinsverengung als um eine Bewusstseinserweiterung. So konnte ich beispielsweise eine Blume minutenlang in sprachlosem Staunen ob solch eines Wunderwerks anstarren. Witze führten mitunter zu stundenlangen Lachkrämpfen. Die Aufnahme von flüssiger oder fester Nahrung wurde zum Erlebnis einer unglaublichen Vielfalt feinster Geschmacksnuancen.

Die Musik etwa eines Streichorchesters erschien als ein vollkommen transparentes Nebeneinander der einzelnen Instrumente. Es war mühelos möglich, die Polyphonie in ihre einzelnen Bestandteile zu zerlegen und den separaten Melodien und Rhythmen zu folgen. Durch bewusste Konzentrationsübungen konnte man diese Auflösung in einzelne Stimmen noch so weit steigern, dass es schien, als ob die Zeit sich verlangsamte, bis hin zu dem aus der Zeit der Grammofone bekannten Effekt, der entsteht, wenn man die Platte mit zu geringer Geschwindigkeit laufen lässt.

Auch schien die Musik aus einem Bereich außerhalb und oberhalb des Kopfes zu kommen, und noch heute ist mir die felsenfeste Gewissheit in Erinnerung, mit der mir klar wurde, dass alle Musik eigentlich schon immer im Bewusstsein vorhanden war und die Instrumente lediglich die Wahrnehmung zu diesen Klängen öffneten, sie aber niemals selber hervorriefen.

Am meisten überraschte mich jedoch das Phänomen der sprachlosen Kommunikation. Ich erlebte zum Beispiel, dass der Redefluss einer Unterhaltung allmählich abebbte, obwohl das Gespräch mit unverminderter Intensität andauerte.

Nach einiger Zeit des äußerlichen Schweigens wurde meinem Gesprächspartner und mir die Seltsamkeit dieses Zustandes plötzlich und gleichzeitig bewusst, und ohne Worte verabredeten wir uns, für einen Moment wieder die Sprache einzuschalten, um zu überprüfen, ob wir uns tatsächlich noch über das Gleiche unterhielten. Und in der Tat: Das anschließende Gespräch war eine direkte Fortsetzung der rein gedanklichen Unterhaltung!

Wie weit dieses Erlebnis auf Gedankenübertragung beruhte oder auf dem mit höchster Aufmerksamkeit beobachteten Mienenspiel des Gegenübers, entzieht sich meiner Kenntnis. Diese Erfahrung hinterließ jedoch bei mir einen nachhaltigen Eindruck. Und dies umso mehr, als diesem Ereignis kurz darauf in der gleichen Runde ein weiteres folgte.

Ich hatte mich entschlossen zu gehen, und dabei fiel mir ein, dass ich meine Brille abgesetzt hatte, um insbesondere bei den weiblichen Anwesenden einen, wie ich meinte, besseren Eindruck zu machen. Als ich mich also mit dem Gedanken trug, die Brille aus meiner Tasche hervorzukramen, fiel mein Blick auf just solch eine weibliche Person, und was sah ich da: Sie hatte ihre Brille verkehrt herum auf der Nase! Mir schien es, dass sie meine Gedanken gelesen und meine Absicht erkannt hatte und mir dies auf diese Weise mitteilen wollte!

An das sich anschließende Gespräch kann ich mich nicht mehr genau erinnern, aber der Grundtenor ist mir noch im Gedächtnis: Es drehte sich um Angst, möglicherweise vor ihrer Fähigkeit, meine Gedanken zu lesen. Ich sagte, dass ich vor nichts und niemandem Angst hätte.

«Doch», erwiderte sie, «und ich gehe jetzt mit dir mit und zeige dir etwas, wovor du Angst hast.»

Ich ließ mich darauf ein, und wir verließen die Wohnung.

Sie führte mich kreuz und quer durch die Stadt, bis wir schließlich vor dem Eingang eines großen Kaufhauses anhielten. Es war an einem Sonntag, und die Tür war verschlossen. Ihre Außenseite bestand aus einem einzigen, riesigen Spiegel.

Ich stand mir selbst lebensgroß gegenüber.
«Das ist, wovor du Angst hast», sagte eine Stimme leise hinter mir.

In dieser Zeit lebte ich in zwei Welten. Einerseits bereitete ich mich auf die Diplomprüfung vor. Die Physik hatte ich keineswegs an den Nagel gehängt, denn dazu war sie zu faszinierend – und ich musste ja auch einen Beruf erlernen. Anderseits verstrickte ich mich immer mehr in diese Welt der vermeintlichen Bewusstseinserweiterung, weil ich zu spüren glaubte, dass die erhöhte Wahrnehmungsfähigkeit mich näher an das Ziel meiner Expedition heranführte.

Im Gegensatz zu meinen Freunden, die den bewusstseinserweiternden Kick mehr zum Spaß bei geselligen Anlässen suchten, schloss ich mich immer öfter in meine winzige Studentenbude mit dem mehr oder weniger expliziten Vorhaben ein, mich näher und näher an mein Ziel der direkten Wahrnehmung des Endgültigen herantragen zu lassen.

Aber es gelang nicht.

Eines Abends geriet mir eine Bibel in die Hände, und ich schlug sie aufs Geratewohl auf. Ich landete im 7. Kapitel der Offenbarung und las die Verse 4 bis 8. Während man gerade diesen Abschnitt normalerweise eher flüchtig lesen oder gar überspringen würde, erschütterte mich damals, der ich voll unter dem Einfluss der bewusstseinserweiternden Mittel stand, die mächtige Eindringlichkeit der Aussagen zutiefst:

> «Und ich hörte die Zahl derer, die versiegelt wurden: hundertvierundvierzigtausend, die versiegelt waren aus allen Stämmen Israels:
> aus dem Stamm Juda zwölftausend versiegelt,
> aus dem Stamm Ruben zwölftausend,

aus dem Stamm Gad zwölftausend,
aus dem Stamm Asser zwölftausend,
aus dem Stamm Naftali zwölftausend,
aus dem Stamm Manasse zwölftausend,
aus dem Stamm Simeon zwölftausend,
aus dem Stamm Levi zwölftausend,
aus dem Stamm Issachar zwölftausend,
aus dem Stamm Sebulon zwölftausend,
aus dem Stamm Josef zwölftausend,
aus dem Stamm Benjamin zwölftausend versiegelt.»[3]

In der Bibel hatte ich zuvor noch nie bewusst gelesen, und diese Stelle war mir natürlich erst recht unbekannt. Aber damals traf mich jeder Satz innerlich wie ein dröhnender Hammerschlag. Ich spürte einen tiefen, geradezu unerbittlichen Ernst in dem regelmäßigen Metrum dieser Worte, das ich bis heute nicht vergessen habe.

Bei einer anderen Gelegenheit betete ich das Vaterunser. Dabei wurde meine Wahrnehmung derart verengt und fokussiert, dass ich meinte, durch einen dunklen Tunnel zu rasen, an dessen Ende ein helles Licht auf mich wartete. Todesangst erfasste mich, und ich brach das Experiment schleunigst ab.

Im Anschluss an dieses Erlebnis ging ich in eine bekannte Göttinger Studentenkneipe, die unter dem unglaublichen Namen «Nörgelbuff» auch heute noch existiert. Als ich die Treppe hinunterstieg und halb von oben auf die Menge der Studenten sah, drehten sich die meisten nach mir um, um zu sehen, welcher Neuankömmling da erschienen war. Aus der Masse heraus leuchteten mich etwa fünf bis sechs Augenpaare an – die anderen waren stumpf und leer. Ich wusste ohne jeglichen Zweifel: Hinter diesem Leuchten stand der gleiche Bewusstseinszustand wie der meinige!

Im Labyrinth des Unterbewussten

Je faszinierender all diese Erlebnisse wurden, desto undurchdringlicher wurde aber auch das Labyrinth, in das sie mich hineinführten. Die eigentliche Gefahr erkannte ich damals noch nicht, sonst hätte ich mich diesem unaufhörlichen Sog der Entdeckungsreisen in immer feinere, bis dahin noch unbekannte Nuancen der Innen- und Außenwelt schleunigst entzogen.

Während einerseits Details eine ungeahnte Klarheit bekamen, wurde der Großteil dessen, was ich wahrnahm, in den Hintergrund gedrängt. Dadurch bekam das Leben etwas Traumartiges, mit überhöhter Bedeutung einzelner Teilbereiche, was mich letztlich zu der Annahme verleitete, dass mir tiefere Einsichten in die Zusammenhänge des Daseins gewährt wurden. In Wirklichkeit konnte ich meine Sinneseindrücke nicht mehr ausgewogen verarbeiten. Damit ging die Fähigkeit, sich im Leben zurechtzufinden, allmählich verloren.

So faszinierend zum Beispiel die Entdeckung war, dass jede Äußerung eines Gegenübers in eine Vielzahl von Bedeutungsebenen zerlegt werden konnte, deren Spektrum etwa von neutral, freundlich, humorvoll, eitel, mitleidig, hämisch bis unverhüllt aggressiv reichen konnte, so beängstigend war es, wenn die hoch sensibilisierte Aufmerksamkeit nur noch Letzteres wahrnahm.

Noch komplizierter wurde es, wenn man sich selbst mit anderen verglich und dabei vermeintliche Defizite im eigenen Verhalten auf überdeutliche Weise erkannte.

Unweigerlich begann bei uns allen damals eine Reise durch die eigene Psyche, bei der wir immer tiefer ins eigene Unterbewusste eintauchten und dort immer verzweifelter nach den Stellschrauben des eigenen Verhaltens suchten. Dabei hatte ich immer mehr mit dem fatalen Gefühl zu kämpfen, diese möglicherweise schon so weit verstellt zu haben, dass eine Rückkehr zur Normalität nicht mehr möglich war.

Lange Zeit versuchte ich mich zum Beispiel verzweifelt von der Vorstellung zu lösen, dass es Menschen gab, die immer im Mittelpunkt der Gesellschaft standen, und andere, denen es bestimmt war, ewig Außenseiter zu sein – so wie ich.

Diese Beschäftigung, die inneren Abgründe in ihrer Tiefe wahrzunehmen, nahm allmählich so viel Aufmerksamkeit in Anspruch, dass das Interesse an einem normalen Leben und die dafür nötige Energie immer weiter abnahmen. Einige meiner Freunde brachen damals ihr Studium ab, verdienten sich als Tagelöhner ihren Lebensunterhalt und wurden für immer an den Rand der Gesellschaft gespült.

Der Versuch, mittels eines uralten pflanzlichen Heilmittels durch die Huxley'schen Pforten der Wahrnehmung zu treten, um auf diese Weise näher an das Eigentliche zu gelangen, war gescheitert. Er hatte mich in unsägliche innere Verstrickungen geführt, die mir einerseits zwar deutlich und schmerzlich bewusst waren, aus denen ich mir aber andererseits auch keinen Ausweg mehr vorstellen konnte.

Ähnlich, wie mich zunächst die unendlich verfeinerten Beschreibungsweisen der Naturwissenschaft glauben gemacht hatten, Erklärungen finden zu können, so hatte mich auch das Phänomen der Bewusstseinserweiterung zunächst annehmen lassen, es würde mich einen Schritt weiter in Richtung meines Ziels führen. In beiden Fällen blieb es jedoch bei einer – wenn auch jeweils unendlich verfeinerten – Betrachtung oder Wahrnehmung der Phänomene. Ihr Wesen und das Rätsel ihrer Vorgegebenheit blieben mir weiterhin verschlossen.

Aber während ich mich im ersten Fall noch von diesem Trugschluss durch rationale Überlegungen und willentliche Entscheidungen lösen konnte, gelang es im zweiten Fall nicht mehr. Ich war im Labyrinth des Unterbewussten gefangen, in das mein Verstand und mein Wille nicht mehr hineinreichten.

Es war, als ob ich einen Eingang zu einer Höhle entdeckt hatte und in diese mit einer kleinen Taschenlampe eingedrungen war. Nun musste ich feststellen, dass es sich in Wirklichkeit um ein riesiges Höhlensystem handelte. In diesem hatte ich mich bereits restlos verirrt, ohne Hoffnung darauf, jemals wieder den Ausgang zu finden, weil man mit der Taschenlampe jeweils nur einen winzigen Ausschnitt zu sehen bekam und der Rest im tiefen Dunkel verblieb.

In dieser übersteigerten Wahrnehmung lediglich einzelner Aspekte des Lebens und dem damit einhergehenden Verlust der Lebensbalance lauert eine gleichermaßen subtile wie lebensbedrohliche Gefahr für jeden, der es wagt, zu bewusstseinserweiternden – oder besser: bewusstseinskonzentrierenden – Mitteln zu greifen.

Kapitel 4:
GRENZÜBERGÄNGE DES BEWUSSTSEINS

An einem warmen Sommernachmittag kniete ich in einem kleinen Zimmer in einem der hübschen Fachwerkhäuser im Zentrum Göttingens mit einer Blume in der Hand vor dem Bild eines gütig lächelnden Inders namens Maharishi Mahesh Yogi und wiederholte gemäß den Anweisungen der Initiatorin leise das heilige Wort, das Mantra, das sie mir vorher ins Ohr geflüstert hatte.

In diesem Moment wusste ich, dass ich dem Labyrinth entronnen war.

Wenn auch unendlich viel schwächer, war der durch diese einfache Wiederholung erzeugte Zustand doch ganz ohne Zweifel der gleiche, den auch die bewusstseinskonzentrierenden Mittel hervorgerufen hatten. Somit wusste ich, dass ich diese Mittel nicht mehr brauchte. Nun hatte ich einen vollkommen natürlichen Weg gefunden, die Pforten der Wahrnehmung zu öffnen. Er war feiner, und vor allem: Er unterlag in jedem Moment der Kontrolle meines Willens. Und er war wesentlich preiswerter, denn es kostete mich nur die einmalige Initiationsgebühr. Das war für den klammen Studenten, der ich damals war, eine gewaltige Erleichterung.

Fortan verzichtete ich völlig auf jegliche pflanzliche Mittel und begab mich nur noch mithilfe der Transzendentalen Meditation auf meine Bewusstseinsreisen. Während der Hanf mich je nach Qualität mit einem mächtigen Schub immer weiter in das Labyrinth hineingetrieben hatte, ohne dass ich mich dagegen hätte wehren können, war es nun möglich, das Vordringen selber zu steuern. Ich konnte mir also sozusagen den Weg merken, so dass ich jederzeit wieder zurückfinden konnte. So wurde ich psychisch wieder stabiler und konnte immer verfeinertere Erfahrungen verkraften.

Wie einer der Initiatoren einmal sagte: «Die pflanzlichen Mittel sind wie Sprengungen des Berges, während man mit der Transzendentalen Meditation den Berg mit der Schaufel abträgt. Es geht langsamer, aber geordneter und gefahrloser vonstatten.»

Aber um welchen Berg handelte es sich eigentlich?

Ursprünge des Denkens

Das Faszinierende an dem neuen, natürlichen Weg war, dass ich gleichzeitig auch eine theoretische Erklärung bekam. Diese beruhte auf uralten indischen Weisheitslehren, deren Essenz in einer Reihe von Büchern in einer für den Westler verständlichen Form aufbereitet worden war. Aus diesem Grund entfloh ich nach der Befreiung aus dem Labyrinth der psychedelischen Reisen nicht auch schleunigst allem anderen, was auch nur im Geringsten Ähnlichkeiten mit diesen Erfahrungen aufwies, auch wenn es in wesentlich natürlicherem Gewand daherkam.

Hatte ich nicht gerade erfahren müssen, dass die vermeintlichen Pforten der Wahrnehmung lediglich einen tieferen Blick auf die Erscheinungen, nicht aber auf das Wesen hinter den Erscheinungen freigaben?

Hatte ich nicht gemerkt, dass diese tieferen Einblicke gleichzeitig die Gefahr einer Destabilisierung der Persönlichkeit mit sich brachten?

Und wenn selbst Initiatoren der Transzendentalen Meditation zugaben, dass es sich hierbei lediglich um eine Fortsetzung mit anderen Mitteln handelte – was ja auch meinem spontanen Eindruck entsprach: Wieso setzte ich die Reise in diese Richtung überhaupt fort?

Ich vermute, dass es an der Theorie lag, die den fernöstlichen Praktiken zugrunde liegt. Diese ließ in mir trotz der bisherigen Erfahrungen erneut die Hoffnung aufflackern, auf diese Weise doch noch über die bloßen Erscheinungen hinauszugelangen, sie im wahrsten Sinne des Wortes zu transzendieren. Die Grundidee war ebenso faszinierend wie einfach:

Zunächst lernte ich, dass diese Methode lediglich einer von vielen Wegen zu einer tieferen und letztlich endgültigen Erkenntnis des Wesens allen Seins sei, die im Unterschied zu den meisten anderen aber besonders einfach und daher für den ungeduldigen Westler besonders geeignet sei.

Verkürzt dargestellt, ging man davon aus, dass jeder Gedanke seinen Anfang im Urgrund allen Seins hat und von dort in die bewussteren Schichten des menschlichen Geistes aufsteigend immer konkretere Formen annimmt, bis er als klarer Gedanke wahrgenommen und schließlich ausgesprochen wird. Durch die Methode, einen geeigneten Gedanken, das sogenannte Mantra, ständig zu wiederholen, sollte es möglich sein, diesen Gedanken sozusagen rückwärts bis zu seiner Entstehung zu verfolgen.

Dabei sollte man immer feinere Ebenen wahrnehmen können, bis der beobachtende Geist in den Ursprung des Gedankens und damit in das Ur-Sein selbst hineingetaucht und in Berührung mit dem Endgültigen gekommen war. Durch ständige Wiederholung dieses Grenzüberganges würde sich über die Jahre allmählich eine tiefere Wahrnehmung des Seins einstellen, die letztlich bis zu dem Zustand der Erleuchtung führen würde.

Der Berg, der im übertragenen Sinne an Stelle der Sprengungen durch pflanzliche Mittel sozusagen von Hand mit der Schaufel abgetragen werden sollte, bestand demnach aus den vielen Schichten bewusster und halbbewusster Wahrnehmungen eines Gedankens, die seinen eigentlichen Entstehungsort überlagerten.

Besonders für mich als Naturwissenschaftler war dieser theoretische Unterbau sehr wichtig. Genau genommen lag hiermit eine wissenschaftliche Theorie vor, deren experimentelle Überprüfung ich anhand des Instrumentariums meines eigenen Geistes vornehmen konnte. Endlich hatte ich den Weg gefunden, der mich ans Ende meiner Expedition führen würde, und nichts sollte mich davon abhalten, diesen so konsequent wie möglich zu beschreiten.

Ich konnte damals nicht ahnen, dass ich nun endgültig in der Falle saß.

Den Trugschluss, dass die Naturwissenschaft die Erklärung für den Ursprung allen Seins liefern würde, hatte ich noch relativ leicht durchschauen können.

Die bewusstseinskonzentrierenden Mittel hatten mich zwar in einem schier unentrinnbaren Labyrinth gefangen gehalten, in dem ich mich unentwegt mit der eigenen Psyche beschäftigt hatte, doch ich hatte zumindest noch den Wunsch verspürt, zu entkommen, da ich meine bedrohliche innere Verfassung wahrnahm und merkte, wie ich mich spürbar vom normalen Leben entfremdete. So hatte ich begonnen, nach alternativen Möglichkeiten zu suchen, und mich schließlich von dieser Bindung gelöst.

Der neue Weg schien völlig ungefährlich, denn er hatte mich aus meinem alten Käfig befreit und war zudem noch untermauert von einer rationalen Begründung. Ich musste nicht etwa blind glauben, sondern konnte an mir selbst sehen, ob es sich um die Wahrheit handelte, auch wenn dies erst nach vielen Jahren der Übung im vollen Umfang möglich sein würde.

Da es also keine «Warnhinweise» gab, ich das Ganze positiv einschätzte und mich klar für diesen Weg entschied, war es für mich praktisch nicht mehr möglich, dieser neuen Lebenspraxis aus eigener Kraft zu entkommen.

Sollte dieser Weg sich als falsch erweisen, wäre meine Expedition gescheitert.

Erfahrung der Leere

Erst viel später erfuhr ich, dass die Methode der Transzendentalen Meditation stellvertretend für eine große Klasse ähnlicher, vor allem fernöstlicher Methoden steht, sich dem Ursprung allen Seins zu nähern. Zum Beispiel besteht eine der zentralen Praktiken der Zen-Meditation darin, jahrelang über ein verstandesmäßig völlig unlösbares Rätsel nachzudenken. Solch ein *Koan* kann beispielsweise folgendermaßen lauten:

Wenn ich in die Hände schlage, klatscht es.
Was ist der Laut einer Hand?

Während sich der Mönch jahre- und meist jahrzehntelang intensiv konzentriert, muss er versuchen, die Lösung herauszufinden. Ganz offensichtlich durchläuft er dabei einen ähnlichen geistigen Prozess wie bei der Mantra-Meditation: Die Ebene einer rein rationalen Betrachtung verlassend, versinkt er allmählich in immer tiefere Schichten unmittelbarer Anschauung, bis er in einer ungeheuren Befreiung den Zustand des *Satori* (wörtlich: «verstehen»), des Eindringens in den Urgrund aller Anschauung, erreicht.

Eine weitere, wesentlich einfachere und dennoch verwandte Methode besteht in der kontinuierlichen, wachen Verfolgung des Atmungsprozesses. Zunächst begleitet mit den Worten «ein» und «aus», lässt man diesen Prozess zunehmend ohne sprachliche oder gedankliche Formulierungen ablaufen und gerät auf diese Weise letztlich wieder in den gleichen Zustand, den man etwa bei der Mantra-Meditation erfährt.

Allen diesen Verfahren ist letztlich eines gemeinsam: Durch die Fokussierung auf einige minimale gedankliche Inhalte und die damit einhergehende Ausblendung aller anderen geistigen Prozesse wird die Wahrnehmungsfähigkeit extrem gesteigert. Dieser Prozess ist umso erfolgreicher, je minimaler die verbleibenden Bewusstseinsinhalte sind. Daher spricht man in den fernöstlichen Weisheitslehren von der «großen Leere», in die man eintreten muss. In diesem Zustand höchster Aufmerksamkeit – im Buddhismus auch unter dem Begriff der «Achtsamkeit» bekannt – soll dann das Endgültige, Ewige hinter allen Erscheinungen zutage treten können.

Dieses Verfahren entbehrt nicht einer gewissen Logik: Denn wenn es gelingt, sich unter Beibehaltung der vollen Aufmerksamkeit aller gegenständlichen Bewusstseinsinhalte zu entleeren, dann müsste schließlich die Essenz hinter allen Erscheinungen zutage treten. Im Grunde hatte ich hier die direkte Antwort auf meine Feststellung gefunden, dass das wissenschaftliche Nach-Denken (im Sinne der den Wahrnehmungen nachgeschalteten und diese damit nie erklären könnenden Prozesse) durch die unmittelbare Anschauung ersetzt werden müsste.

Nur ab und zu beunruhigten mich Aussagen in der Literatur, dass der endgültige Durchbruch meist recht lange auf sich warten lasse und häufig nie zustande komme. So erfuhr ich, dass selbst Zen-Mönche, deren Leben Tag und Nacht auf gar nichts anderes mehr ausgerichtet war als auf die Erlangung des «Satori-Zustandes», auf diesen Jahrzehnte warten mussten, wenn sie ihn denn überhaupt erreichten. Insofern war die Chance, dass ich als lebenslustiger Junggeselle jemals dort ankäme, relativ gering.

Wenn ich derartige Befürchtungen äußerte, wurden sie jedoch mit dem Hinweis zerstreut, dass die Transzendentale Meditation eine wesentlich wirkungsvollere Methode sei, so dass ich damit rechnen könne, selbst mit ein paar Minuten Meditationszeit pro Tag das Ziel relativ schnell zu erreichen. Allerdings waren die Auskünfte in diesem Zusammenhang ziemlich vage und gipfelten zum Schluss meist in der immer gleichen sybillinischen Aussage des freundlichen Inders, der diese Methode erfunden hatte: «Meditate, and you will see.»

Also meditierte ich.

Und was sah ich?

Wieder das Labyrinth!

Je mehr ich meditierte, desto sensibler wurde ich doch wieder für meine psychische Befindlichkeit. Sicherlich liefen die Vertiefungsprozesse jetzt kontrollierter ab, und insgesamt war die Wirkung deutlich schwächer, aber es blieb bei einer verstärkten Befassung mit mir selbst, die mich immer neu unterschwellig beunruhigte.

Und in der Tat waren die Vorgänge ja durchaus ähnlich oder sogar fast deckungsgleich: Sowohl bei der Meditation als auch bei der Einnahme dieser Mittel kam es zu der erwähnten Fokussierung des Bewusstseins und der damit einhergehenden überhöhten Wahrnehmung einiger weniger Bewusstseinsinhalte bei gleichzeitiger Ausblendung aller anderen Informationen.

Den Übungsleitern war meine Verunsicherung durchaus nicht unbekannt, aber sie wurde als Fortschritt gedeutet: Es träten jetzt verdrängte Dinge zutage, und das sei gut so.

In der Hoffnung, mehr Klarheit zu bekommen, vertiefte ich mich mehr und mehr in die zugehörige Literatur, die im Wesentlichen auf den alten indischen Weisheitslehren der «Bhagavad Gita» beruhte.

Doch das Ergebnis war eher das Gegenteil: Es wurde immer verwirrender.

Aber gerade diese seltsam verworren-verlockenden, uralten Gedankengänge faszinierten mich und hielten mich weiterhin fest im Griff.

Kapitel 5:
GRATWANDERUNGEN DES LEBENS

Lautes Scheppern herunterfallender Schüsseln in der Küche und ein kurzes Rütteln, das meinen ganzen Körper erfasste, weckten mich. Erst nach und nach verstand ich, wo ich mich befand und was passiert war. Nach unserem langen Flug von Frankfurt nach Los Angeles hatten uns amerikanische Freunde vom Flughafen abgeholt. Nach einem vergnüglichen Abend hatten wir es uns in Schlafsäcken auf dem Boden des Wohnzimmers ihres niedlichen Blockhauses gemütlich gemacht und waren sofort eingeschlafen.

Was uns geweckt hatte, war ein Erdbeben!

Wie ich später zu bemerken pflegte: «Als ich amerikanischen Boden betrat, erzitterte die Erde ...» Damals konnte ich noch nicht ahnen, was für ein inneres Erdbeben mich in Amerika tatsächlich erwarten würde.

Die ersten Tage in dieser so andersartigen Welt der Wärme, der Eleganz und der Luxusangebote Kaliforniens machten einen unvergesslichen Eindruck auf mich. Wir fuhren nach San Diego, wo meine Kommilitonin und ich das Post-Graduate-Studium beginnen sollten.

Mit seinen vielen Buchten und Lagunen, langen Stränden und malerischen Vororten ist San Diego wohl eine der schönsten Städte der Welt. Ich konnte mir kaum vorstellen, in dieser Umgebung und bei diesem Wetter jemals ernsthaft studieren zu können.

Nach einer kleinen Studentenbude suchte ich vergebens. Schließlich bezog ich zusammen mit einem amerikanischen Kommilitonen ein riesiges Apartment mit zwei großen Schlafzimmern, zwei separaten Bädern, einer Waschmaschine, einem Trockner und einer hochmodernen Küche. Für einen Studenten aus Deutschland war das damals ein unbegreiflicher Luxus, aber etwas Kleineres war nicht zu haben. Das Wohnzimmer war so geräumig, dass ich es mit einem Wald aus Palmenzweigen ausstaffierte, damit es nicht ganz so leer aussah.

Das Apartment lag nur wenige Minuten vom Strand entfernt. Der Anblick des Pazifischen Ozeans, die frische Seeluft, der strahlende Sonnenschein und die vielen vital-fröhlichen Menschen versetzten mich und meine Kommilitonin aus Göttingen in einen Gemütszustand, der meilenweit von dem dumpf-nörglerischen Lebensgefühl entfernt war, das uns in «good old Europe» so oft gefangen gehalten hatte.

«Have a nice day!», meinte die Verkäuferin fröhlich, nachdem sie mir die Tüte mit meinen Einkäufen zusammengepackt hatte. Heute sind derartige Höflichkeiten auch in Europa selbstverständlich, aber damals hatte ich etwas Ähnliches noch nie gehört!

Das Lebensgefühl der Menschen um uns herum war unbeschreiblich und hatte auch uns im Nu erfasst. Sie waren ausgelassen, äußerst freundlich und sehr optimistisch, was typisch für die damalige Zeit des inneren Aufbruchs war. Es war diese «whole generation with a new explanation», von der in dem Lied «San Francisco» von Scott McKenzie die Rede ist.

Dabei waren ihre Erwartungen nicht etwa auf verbesserte materielle Lebensbedingungen gerichtet – im Gegenteil: Zurück zum einfachen Leben war die Devise –, sondern auf einen geistigen Durchbruch zu den wahren Werten des Lebens, zum Eigentlichen, letztlich zum Sinn des Daseins.

Es war eine Zeit des Experimentierens am eigenen Leben. Hippies probten das alternative Dasein, immer wieder kamen mir die Hare-Krishna-Jünger in ihren orangefarbenen Gewändern entgegen, die weihrauchgeschwängerten Buchhandlungen quollen über von Esoterik-Literatur, der süßliche Geruch glimmenden Hanfs waberte in der Luft, überall hingen Plakate, auf denen zu irgendwelchen Meditationspraktiken eingeladen wurde, und alles war irgendwie durchdrungen von einer spürbaren, wenn auch unbestimmten Hoffnung auf einen Durchbruch in ein neues geistiges und spirituelles Terrain.

Nichts hätte meine Suche nach dem Ursprung mehr beflügeln können. War ich bislang noch eher unbewusst auf meiner Expedition zu den letzten Antworten unterwegs, so wurde sie jetzt zu meinem erklärten Ziel.

Ausstieg

Im krassen Widerspruch hierzu stand die Herausforderung, die in der Universität auf mich wartete. An den Kommilitonen meines Fachbereichs schien die gerade laufende geistige Revolution komplett vorbeizugehen. Hier herrschte noch die Meinung, dass der Aufstieg in die abstrakten Höhen der Physik und Mathematik nur mit äußerster Disziplin und Selbstbeschränkung zu bewältigen war. Ein tägliches Arbeitspensum von siebzehn Stunden war nichts Ungewöhnliches.

Zu schaffen machte mir auch, dass es anscheinend unüblich war, sich die Bearbeitung der Hausaufgaben zu teilen, wie ich es von Göttingen gewohnt war. Dort hatte sich jeder nur eine Aufgabe vorgenommen und den Rest von den anderen abgeschrieben. Das war hier strikt verpönt und bereitete mir frühzeitig arge Probleme.

Zwei Erlebnisse brachten dann das Fass zum Überlaufen.

Einer der beiden renommierten Professoren, derentwegen ich nach San Diego gekommen war, berichtete in einem Seminarvortrag davon, dass er vier Jahre seines Lebens dafür geopfert hatte, um eine gewisse Eigenschaft eines Elementarteilchens zu ergründen.

Vier lange Jahre für ein winziges Teilchen!

Auf einer Silvesterparty hatte ich seine Tochter kennen gelernt und wusste von ihr, dass dieses «Opfer» letztlich zur Zerrüttung seiner Familie geführt hatte. Und das alles wegen der Eigenschaft eines Elementarteilchens, dessen Verhalten aber auch nicht das Allergeringste mit den entscheidenden Fragen des Lebens zu tun hatte! Was wäre geschehen, wenn dieser kluge Mann die geballte Kraft seiner Intelligenz vier Jahre lang auf *diese* Fragen gerichtet hätte?! Noch bevor er seinen Vortrag beendet hatte, verließ ich tief enttäuscht den Seminarraum.

Bei dem zweiten der renommierten Professoren hörte ich Vorlesungen über relativistische Quantenmechanik. War ich es von Göttingen schon gewohnt, dass sich Professoren in ihren Vorlesungen mitunter durch eine gewisse Vernachlässigung pädagogischer Regeln hervortaten, so zeichnete diesen Professor ein völliges Desinteresse an der Vermittlung seines Wissens aus.

Das äußerte sich zum Beispiel darin, dass er seine Formeln nicht Zeile für Zeile an die Tafel schrieb, sondern völlig wahllos zunächst in die linke obere Ecke, dann rechts unten hin, die weiteren irgendwo in die Mitte und schließlich, weil er keine Lust zum Wischen hatte, alles Weitere nur noch in die zufällig frei gebliebenen Stellen. Während man die eine Formel mitschrieb, musste man daher ständig schauen, wo er denn die nächste platzieren würde.

Das konnte man selbst bei höchster Konzentration nur eine kurze Zeit durchhalten. Dann war der Faden für den Rest der Vorlesung meist unwiderruflich gerissen.

Das Unglaubliche geschah, wenn er entdeckte, dass er irgendwo auf dem Wege der Beweisführung einen Fehler gemacht hatte. Er war tatsächlich in der Lage, die chaotische Sequenz seines Geschreibsels zurückzuverfolgen, bis er das Corpus Delicti gefunden hatte! Ich konnte das jedenfalls nicht, und die Frustration hatte jetzt ein Ausmaß erreicht, das nicht mehr zu überbieten war.

In der Pause vertraten wir uns auf dem Balkon des Universitäts-Hochhauses die Beine. Von hier aus hatte man einen fantastischen Blick den Hang hinunter bis zum Pazifik, der unter der strahlenden kalifornischen Sonne bis zum Horizont glitzerte. Es war warm, der Duft exotischer Blüten stieg von unten aus den sorgfältig gepflegten Universitätsgärten zu uns herauf.

In einer dieser Pausen entschloss ich mich, mein Stipendium zurückzugeben und die Universität zu verlassen.

Nur einer der Professoren, von denen ich mich verabschiedete, brachte mir ein gewisses Verständnis entgegen. Als Begründung für meinen Schritt führte ich unter anderem an, dass einerseits in fast jeder physikalischen Formel die Zeit als unverzichtbare Variable auftauchte, anderseits aber kein Mensch wusste, was Zeit eigentlich ist, und dass ich keine Lust mehr hätte, mein Leben mit derart unfundierten Lehren zu vergeuden. Verständlicherweise stieß diese Aussage generell auf wenig Begeisterung, aber einer der Professoren spürte, was ich meinte, und wünschte mir still alles Gute für meinen weiteren Weg.

Dieser Weg war klar: Ich wollte und konnte diesen enormen Aufwand nicht mehr leisten, den etwa der Beruf eines Physikers verlangte, wenn das Leben sinnlos war. Dann würde es auch ausreichen, sich mit Taxifahren sein Geld zu verdienen. Für den Existenzerhalt wäre das genug, und ich hätte Zeit, mich dem zu widmen, was wenigstens noch den Anschein von Sinn hatte: den rein sinnlichen Vergnügungen.

Aber so weit war es noch nicht. Zunächst hatte ich mir jetzt den Freiraum erkämpft, den ich brauchte, um die Expedition zum Ursprung nunmehr in aller Konsequenz fortzusetzen. Ich hatte mir ausgerechnet, dass sechs Stunden Arbeit am Tag für den Lebensunterhalt ausreichen müssten. In der restlichen Zeit wollte ich «suchen». Was ich letztlich genau suchen wollte und wie ich es anstellen würde, war mir völlig schleierhaft. Aber wenigstens einmal in meinem Leben wollte ich diese Sache bewusst angegangen sein!

Noch vermittelte mir die Transzendentale Meditation das Gefühl, irgendwie unterwegs zu sein. Ich hielt mich an die Devise des freundlichen Inders: «Meditate, and you will see!» Mittlerweile hatte ich auch Kontakt mit Gruppen aufgenommen, in denen diese Methode weiter vertieft wurde.

Vor allem aber musste ich nach Rückgabe meines Stipendiums für meinen Lebensunterhalt sorgen. Der amerikanische Kommilitone, der mit mir das Apartment geteilt hatte, hatte sein Studium ebenfalls abgebrochen und war in die Obhut seiner tief enttäuschten Eltern nach San Francisco entschwunden.

Da das große Apartment für mich allein zu teuer war, musste ich mir ein neues, kleineres suchen und fand es schließlich im schönsten Vorort von San Diego, La Jolla, zu Deutsch: «das Juwel». Und ein Juwel war die neue Umgebung in der Tat, zumal ich jetzt noch näher am Strand wohnte, direkt am berühmten «Windansea Beach», wo angeblich das Surfen erfunden worden ist.

Diese niedliche Wohnung in traumhaft schöner Lage gab mir den wichtigen psychischen Rückhalt, den ich in den folgenden Monaten brauchen sollte.

Denn ich hatte ja mit meinem bisherigen wohlbehüteten und eindeutig vorgeschriebenen Werdegang völlig gebrochen, ohne zu wissen, wie es weiterginge. Eltern, Bekannte, Freunde und Freundinnen hatten fest damit gerechnet, dass ich meinen Weg in den normalen bürgerlichen Bahnen weitergehen und nach dem Studium einen ordentlichen Beruf ergreifen würde, wenn möglich als Professor an einer guten Universität. Nun war es völlig anders gekommen, und ich musste mich mit bislang unbekannten Problemen herumschlagen, zum Beispiel, wie ich die nächste Miete bezahlen konnte und was ich am nächsten Tag zu essen haben würde.

Auf eine Darstellung des recht abenteuerlichen Weges über die frustrierenden und vergeblichen Versuche, sich als Verkäufer von Staubsaugern und später von Enzyklopädien zu verdingen oder als Verkaufsmanager für eine deutsche Zeitung zu arbeiten, die kurz nach meinem Amtsantritt – und möglicherweise auch aufgrund dessen – Konkurs anmelden musste, bis hin zum Aufstieg vom einfachen Sprachlehrer an einer Sprachschule in San Diego zum Direktor derselben, sei hier verzichtet.

Erwähnt sei nur, dass ich mit der Stelle des Direktors schließlich einen Job gefunden hatte, der tatsächlich nur sechs Stunden pro Tag in Anspruch nahm, wie ich es mir gewünscht hatte. Den Rest des Tages hatte ich nun Zeit, unter der strahlenden kalifornischen Sonne am Strand zu sitzen, dem Spiel der Wellen und der Möwen zuzuschauen und über Gott und die Welt nachzudenken.

Begegnungen

Ich sah sie direkt auf mich zukommen. Sie strebte dem Ausgang zu und wollte wohl die Party verlassen. Ich wusste, dass ich sie nicht an mir vorbeilassen würde. Es war eine jener außerordentlichen orientalischen Schönheiten, die selbst in den kühnsten Träumen eines Mittzwanzigers, der ich damals war, nicht vorkamen. Nun stand sie leibhaftig vor mir und schaute mich aus großen dunklen Augen fragend an.

Den Rest des Abends unterhielten wir uns in der warmen Sommernacht draußen auf dem Bootssteg des Hauses, unter dem mit sanftem Schäumen langsam und rhythmisch die Wellen des Pazifiks heranwogten und wieder abebbten.

Wie ich war Natascha ein Drop-out. Auch sie hatte gerade die Universität verlassen, weil sie ebenso wie ich von der Wissenschaft – ihr Gebiet waren die Psychologie und Philosophie gewesen – keine Antworten auf die zentralen Fragen des Lebens mehr erwartete.

Zwei verwandte Seelen hatten sich gefunden.

Sie war als Tochter einer Österreicherin und eines Bulgaren in Sofia aufgewachsen. Als ehemaliger Besitzer einer einflussreichen Zeitung wurde ihr Vater nach der kommunistischen Machtübernahme jahrelang bespitzelt.

Dabei setzte dieses menschenverachtende System ein ganz besonders perfides Mittel ein: Man hatte ihrer Mutter angedroht, dass ihren Söhnen etwas zustoßen würde, wenn sie nicht regelmäßig Informationen über die Aktivitäten und das Verhalten ihres eigenen Mannes weitergäbe.

Als der Mann das gelegentliche Verschwinden seiner Frau zum geheimen Rapport als Fremdgehen deutete, war das für sie zu viel. Sie verlor den Verstand. Man ließ sie daraufhin ins Ausland ausreisen, und sie kam zu Verwandten nach San Diego.

Für Natascha stand fest, dass sie ihrer Mutter mitsamt ihrem zehnjährigen Sohn folgen würde, umso mehr, als sie eine äußerst problematische Ehe führte. Allerdings hatte sie wie alle ihre Mitbürger keine Erlaubnis zur Reise in den Westen und musste sich einen Fluchtplan überlegen. Dieser Plan war derart abenteuerlich, dass es an ein Wunder grenzte, dass er überhaupt gelang.

Zunächst löste sie für sich und ihren Sohn unter dem Vorwand, Bekannte besuchen zu wollen, Zugfahrkarten nach Warschau. In Belgrad stieg sie dann aber nicht in den Zug nach Polen um, sondern fuhr in Richtung Wien weiter. An der jugoslawisch-österreichischen Grenze wurde es dann ernst. Zwei jugoslawische Grenzpolizisten kamen ins Abteil und verlangten Fahrkarten und Ausweise. Sie gab ihnen das Verlangte und schaute die beiden unverwandt an, ihren Sohn hielt sie fest umschlungen im Arm. Sekunden wurden zur Ewigkeit.

Zwei junge Grenzpolizisten – aus gutem Grund waren es immer zwei, damit der eine den anderen überwachen konnte –, die ihre Dokumente studierten, aus denen klar hervorging, dass hier ein Fluchtversuch vorlag. Eine attraktive Frau mit ihrem zehnjährigen Sohn im Arm, die den zwei jungen Männern gerade ihre ganze Zukunft ausgeliefert hatte. Mitfahrer im Abteil, die allmählich auf den Vorgang aufmerksam wurden.

Schließlich wechselten die beiden untereinander einen kurzen Blick, und ohne ein Wort zu sagen, gaben sie ihr die Unterlagen wieder zurück und verließen das Abteil. Sie war frei!

Dachte sie. Denn als wenige Minuten später der österreichische Grenzbeamte ihre Papiere sah, wollte der sie partout sofort wieder zurück über die Grenze schicken! Erst nach einer energischen Auseinandersetzung, schließlich sogar mit dem vorgesetzten Beamten, war auch diese Tortur überstanden!

Aufgrund ihres Aussehens und ihrer Herkunft aus einem kommunistischen Land war sie an der Universität von San Diego nach kurzer Zeit zu einer bekannten Persönlichkeit geworden. Auch Herbert Marcuse, Professor für Politologie und einer der geistigen Vorreiter der Studentenbewegung der damaligen Zeit, interessierte sich für sie, zumal sie aus einem Land einer ihm nahe stehenden ideologischen Prägung kam.

Allerdings bereitete sie ihm durch ihr vernichtendes Urteil über den Marxismus eine herbe Enttäuschung. Umgekehrt war es für sie eine ungeheure Enttäuschung, dass ein freies Land wie Amerika gegenüber den Gefahren idealisierender sozialpolitischer Theorien so wenig immun war. Insbesondere, da dies meist mit Intoleranz gegenüber Andersdenkenden einherging, wie das auch bei Marcuse der Fall war. Sie musste mitansehen, wie eine ganze Generation von Studenten eben dem geistigen Virus erlag, dessen gesellschaftlichen Manifestationen sie gerade unter Einsatz ihres Lebens entronnen war.

Die Erkenntnis, dass all diese wohlgemeinten Versuche der Weltverbesserung durch die zwangsweise Formung eines neuen Menschen sinnlos waren und eine zerstörerische Kraft hatten, führte schließlich zum Abbruch ihres Studiums. Wie ich war sie zu dem Schluss gekommen, dass die theoretischen Ausgeburten rein verstandesmäßiger Spekulationen in eine Sackgasse führen, seien sie naturwissenschaftlicher, erkenntnistheoretischer oder sozialpolitischer Natur.

Wie ich hatte sie erkannt, dass es einen ganz anderen Weg geben müsste, und wie ich ahnte und hoffte sie, dass es möglich sein sollte, doch noch einen tieferen Sinn dieses Daseins zu finden, der eine echte Umgestaltung des Lebens ermöglichen würde.

Nachdem wir uns am frühen Morgen getrennt hatten, begab ich mich auf den Pacific Beach Drive, um per Anhalter nach Hause zu gelangen, denn meine Mitfahrgelegenheit war längst entschwunden. Zu dieser Zeit gab es praktisch keinen Verkehr mehr auf den Straßen. Doch dann bog ein offener Sportwagen um die Ecke, hielt an und ein freundlicher Amerikaner rief mir fröhlich zu: «Spring rein!»

Sofort kamen wir ins Gespräch, und es stellte sich heraus, dass auch er auf der Suche war. Er las gerade mit Begeisterung die Bücher Krishnamurtis, eines indischen Philosophen mit englischer Ausbildung, die er mir wärmstens ans Herz legte.

In dieser Nacht waren zwei Begegnungen zustande gekommen, die meinen weiteren Werdegang entscheidend beeinflussen sollten.

Kapitel 6:
EIN WEGWEISER

Ich las Krishnamurti. Ich verschlang fast alle seine Bücher. Und wie so vielen ging es auch mir:
Ich verstand ihn nicht.
Nicht in letzter Konsequenz.
Und trotzdem hatte ich das Gefühl, dass es etwas Entscheidendes zu verstehen gab.

Krishnamurti war nirgendwo einzuordnen. Er lehnte es strikt ab, in irgendeine geistige Führungsrolle gehoben zu werden. Im Gegenteil, er war geradezu ängstlich darauf bedacht, jegliche Konzentration auf seine Person im Keim zu ersticken. Das machte ihn glaubwürdig. Und es war vollkommen in Einklang mit dem, was er sagte, oder zumindest mit dem, was ich meinte, was er sagte.

Sein Credo war, dass der Mensch durch die Konditionierung durch seine Umwelt, seine Geschichte und nicht zuletzt auch durch Führungsfiguren unfrei geworden sei. Deswegen musste er es auch um jeden Preis vermeiden, selbst als geistiger Führer identifiziert zu werden. Das war nicht ganz einfach, denn seine Aussagen waren irgendwie neu, sie schienen aus einer anderen Dimension zu kommen, klangen echt und wahrhaftig. Aber da er der einzige Vertreter dieses neuartigen Denkens war, war es praktisch nicht zu vermeiden, ihn als Führer derjenigen zu sehen, die seine Aussagen zu verinnerlichen und indirekte Erfahrungen umzusetzen versuchten.

Der direkte Blick

Diese Umsetzung erwies sich jedoch als ein außerordentlich schwieriges Unterfangen. Zum Beispiel forderte er seine Zuhörer dazu auf, das Blatt eines Baumes als das zu betrachten, was es eigentlich ist, völlig losgelöst von der Kategorisierung dieses Gegenstandes als Blatt. Der Umstand, dass wir zu wissen meinen, was ein Blatt ist, verhindere unsere Wahrnehmung des Eigentlichen, das dieses Blatt ausmacht. Die direkte Wahrnehmung sei durch die Wahrnehmung von etwas ganz anderem, nämlich unserer Vorstellung von dem Wahrgenommenen, überlagert.

So sei es mit allen Bereichen des Lebens, der Liebe, dem Tod, dem Phänomen des Lebens selbst. Durch unsere Erinnerungen, durch Erlerntes, durch Kategorisierungen und Worte werde dem Wesentlichen sozusagen eine starre Struktur übergestülpt. Anstatt des Eigentlichen, unendlich Vielfältigen und Dynamischen nehme man lediglich diese groben und starren Strukturen unserer Erinnerungen und Vorstellungen des Eigentlichen wahr. Und dies sei die Ursache allen Übels in der Welt.

Im Unterschied etwa zum Buddhismus, der die Ursache allen Leids im «Anhaften» sieht, in dem Haben- und Festhaltenwollen, das aufgrund der veränderlichen Natur des Lebens notwendigerweise zu Spannungen und Leid führt, weil die Dinge sich nun einmal nicht festhalten lassen, sah Krishnamurti den Grund allen Unrechts, aller Kämpfe und allen Leids offenbar in der ständigen Kategorisierung und Bewertung der Dinge und Erfahrungen.

Erst hieraus entstünden die Vorstellungen von Mein und Dein, Gut und Böse, Liebenswert und Bekämpfenswert, die dann ihren Niederschlag in sozialen Kasten, in Einteilung von Feind und Freund und schließlich in der endlosen Kette des selbst gemachten menschlichen Leids hätten.

Nach Krishnamurti gibt es sozusagen einen noch tieferen Grund für das Leid als das Anhaften, nämlich die Bewertung der Erscheinungen des Lebens als begehrenswert oder verachtenswert, als gut oder böse. Erst sie führe zu diesem Anhaften, wobei dieses sich sowohl in einem Haben- und Festhaltenwollen als auch in seinem Gegenpol, der Ablehnung, dem Hass und dem Vernichtenwollen, äußern kann.

Erst später fiel mir auf, dass man ein ähnliches Denken an ganz anderer Stelle findet. Die Bibel nennt als Ursache der Vertreibung des Menschen aus dem Paradies, dass Adam und Eva vom Baum der Erkenntnis von Gut und Böse gegessen hatten. Anstelle einer bloßen, unmittelbaren Wahrnehmung des Seins, das kurz zuvor vom Schöpfer aus seiner Gesamtschau aller Dinge mit dem Prädikat «und siehe, es war sehr gut» versehen worden war, hatten sie begonnen, das Sein aus ihrer eigenen, begrenzten Perspektive in seinen einzelnen Erscheinungen als positiv oder negativ, erstrebenswert oder ablehnenswert, als gut oder böse zu beurteilen.

Der Mensch war in das Spannungsfeld dieser selbst gemachten Polarisierung gefallen, und folgerichtig war seine erste Reaktion nach diesem Fall die Angst, nämlich die Angst vor dem unerwünschten Pol. Und danach kam die Aggression gegen alles, was zu dieser Angst führt.

Zur Überwindung dieses Zustandes propagierte Krishnamurti allerdings einen kaum nachvollziehbaren Weg, nämlich den beständigen, schonungslosen, unerbittlich durchdringenden Blick, die unkonditionierte, ursprüngliche Wahrnehmung dessen, was ist, wobei man gleichzeitig die sich daran anschließenden automatischen Prozesse der Kategorisierung und Bewertung beobachten sollte. Dieser Blick sei für jeden hier und heute möglich, jetzt in diesem Moment, und führe zu einer unmittelbaren Befreiung, zu einer direkten Schau des Tatsächlichen.

In gewisser Weise deckten sich diese Aussagen zwar mit meinen bisherigen Schlussfolgerungen, dass man nur vermöge einer direkten, durch rationale Überlegungen unverfälschten Wahrnehmung näher an den Ursprung allen Seins herankommen könnte.

Dies war auch die bereits erwähnte theoretische Grundlage der Transzendentalen Meditation, der zufolge die rückwärtige Verfolgung eines Gedankens unter sukzessiver Ausblendung aller seiner Ausprägungen bis hin zu seiner Entstehung schließlich den Blick auf das Eigentliche freigäbe.

Auf die gleiche Wirkung zielte auch die ebenfalls schon erwähnte Zen-Meditation, bei der allerdings anstelle der langsamen Abtragung der Konditionierungen das ganze Gerüst der Kategorisierungen und Bewertungen nach vielen Jahren höchster Konzentration mit einem Schlag weggesprengt werden sollte.

Und auch unter dem Einfluss bewusstseinsfokussierender Mittel war es zu diesem Ausblendungseffekt gekommen, der dann mitunter etwa den Anblick einer Blume zu einem völlig neuen Erlebnis machte.

Insofern konnte ich befriedigt vermerken, dass sich meine Expedition bis hierher mit einer gewissen inneren Logik entwickelt hatte, wobei mir die Aussagen Krishnamurtis als klarste und konsequenteste Zusammenfassung meiner Suche erschienen.

Unmöglichkeiten

Dennoch: Die Unterstellung Krishnamurtis, dass durch die bloße Beobachtung, wie sehr und wodurch der Blick auf das Eigentliche durch den Verstand und unsere Konditionierung verfälscht wird, schon die Sicht auf das Unermessliche, wie er es nannte, frei werden würde, konnte ich nicht nachvollziehen, so sehr ich mich auch bemühte.

Er verbat sich auch jede Nachfrage, wie man das genau anstellen könne, mit dem Hinweis, dass man sich dadurch in das Korsett einer Methode zwängen lasse und dass damit die Methode bereits wieder zu einer Verfälschung des Echten führe.

Auch schien ihn der Gegenstand von Fragen, die an ihn während seiner Vorträge gerichtet wurden, mitunter weniger zu interessieren als der Umstand der Frage selbst. So antwortete er zum Beispiel auf die Frage nach dem Wesen der Wahrheit, indem er die Zuhörer zu einer direkten Wahrnehmung der Tatsache aufforderte, dass diese Frage gestellt wurde. Man sollte sich dessen bewusst werden, was man just in diesem Moment wahrnähme. Das sei es nämlich, worum es ging.

Auf die genannte Frage nach Wahrheit reagierte er anlässlich einer seiner zahllosen Vorträge folgendermaßen: «Ich werde die Frage nicht beantworten, weil in der Frage selbst die Antwort liegt. Also: Können wir die Frage betrachten und darauf warten, dass sie aufblüht? Das ist sehr, sehr ernst gemeint. Die Frage selbst enthält die Antwort, wenn Sie sie blühen lassen, wenn Sie sie in Ruhe lassen, sie nicht sofort mit einer Antwort zudecken. Denn Ihre Antwort wäre bereits konditioniert, bereits persönlich. Lassen Sie also die Frage stehen. Wenn die Frage Tiefe, Bedeutung, Vitalität hat, dann entfaltet sich die Frage. Nun, Sir, gibt es Wahrheit? Existiert die Wahrheit? Sie wissen es nicht, wenn Sie ehrlich sind. Also lassen wir die Antwort. Lassen Sie uns die Frage betrachten, und die Frage beginnt, sich zu entfalten.»

Und etwas später: «Zutiefst, zutiefst, im Innersten, allen Ernstes weiß ich nicht, was die Antwort ist … Nur eines weiß ich mit absoluter Sicherheit: Ich weiß es nicht. Meine ganzen Empfindungen, mein ganzes Denken sind zusammengestürzt.

Ich weiß es nicht – also ist mein Gehirn aufnahmebereit. Das Gehirn war verschlossen durch Schlussfolgerungen, durch Meinungen, durch Urteile, durch meine Probleme; es ist ein geschlossenes Ding. Wenn ich aber sage, ich weiß es wirklich nicht, dann habe ich etwas aufgebrochen.»[4]

An dieser Stelle beginnt das, was Krishnamurti das «Ungeheuerliche» oder «Unermessliche» nennt. Wie bereits bemerkt, handelt es sich hier offenbar um die gleiche Erfahrung, die der transzendental Meditierende oder der Zen-Mönch nach vielen Jahren oder Jahrzehnten der Übung macht.

Derartige Wege lehnte Krishnamurti nun allerdings wieder strikt ab. Der direkte, unerbittlich die Wahrheit und Klarheit suchende, intelligente und wache Blick sei die einzig richtige Möglichkeit, ohne neuerliche Konditionierung durch eine Methode die Wirklichkeit tatsächlich zu erfassen. Jetzt in diesem Moment, hier und jetzt.

Eine Zeitlang versuchte ich es. Ich lief durch die Straßen San Diegos und bemühte mich darum, etwa die Palmen als das zu sehen, was sie wirklich waren, ohne sie als Pflanzen oder Bäume oder Palmen einzuordnen. In der Tat erschien mir die Vegetation irgendwie leuchtender, intensiver, aber das konnte auch an der klaren Luft und der kalifornischen Sonne liegen. Anderseits verwandelte sich das hübsche Gesicht Nataschas bei dem Versuch einer bewusst bewertungsfreien Betrachtung plötzlich in das Gesicht einer uralten Frau. Das Ungeheuerliche, von dem Krishnamurti sprach, konnte damit eigentlich nicht gemeint sein.

Ich war an einem Punkt angekommen, wo ich mir eingestehen musste, dass diese ganzen, mehr oder weniger von östlichen Weisheiten inspirierten Lehren zwar verstandesmäßig hochinteressant und logisch gut nachvollziehbar waren, aber mich in ihrem praktischen Vollzug in immer subtilere Verwirrung stürzten. Tief innerlich spürte ich, kaum merklich, aber doch unmissverständlich, dass ich hier einem Phantom nachjagte.

Diese Wege führten nicht zum Endgültigen, was immer das auch sein mochte. Was diese Methoden tatsächlich zutage förderten, wurde mir allerdings erst später klar. Damals war es nur ein unbestimmtes Gefühl, wie eine leise, aber hartnäckige innere Mahnung, dass dies nicht der Weg war.

Und doch war diese Zeit, wie sich später herausstellen sollte, entscheidend für den weiteren Fortgang meiner Expedition. Insbesondere war es die stets wiederholte Aufforderung Krishnamurtis, die Dinge so zu sehen, wie sie sind, in Wahrheit, bar jeglicher Kategorisierung oder Interpretation durch den Verstand, die mir letztlich dazu verhalf, wenige Monate später nicht blind am Ziel meiner Expedition vorbeizurennen.

Dafür bin ich diesem ungewöhnlichen, liebenswerten, aufrechten Menschen und tiefsinnigen Philosophen bis heute dankbar – auch wenn sich dieses Ziel als etwas völlig anderes herausstellen sollte als das, was er vor Augen gehabt haben musste.

Kapitel 7:
ABGRÜNDE

Mich hatte eine tiefe Verzweiflung erfasst.

Ich hatte Opfer gebracht: das Studium abgebrochen, meine Eltern tief enttäuscht und als Direktor einer Sprachschule einen Berufsweg eingeschlagen, der mir vorher nicht im Traum eingefallen wäre. Aber dem Ziel all dieser Opfer war ich um keinen Deut nähergekommen.

Ich wusste trotz aller Erfahrungen mit der Physik, mit bewusstseinsfokussierenden Mitteln, mit der Meditation und mit den tiefsinnigen Lehren Krishnamurtis, dass ich den Sinn meines Lebens noch nicht einmal erahnte. Ich hatte höchstens im Eliminationsverfahren die untauglichen Wege aussortiert, aber der richtige Weg war nicht in Sicht.

In diesem Zustand wurde ich empfänglich für eine Versuchung, vor der Krishnamurti immer wieder gewarnt hatte: Anstatt den eigenen Weg konsequent weiterzuverfolgen, begann ich unbewusst, nach einer Gruppe, nach einem Führer, nach einem System von Lebensregeln zu suchen, die mir den Sinn meines Daseins vorgeben würden. An die Stelle der individuellen Suche entlang der rationalen Verfahren westlich-geprägter Naturwissenschaften oder der direkten Wahrnehmung des Endgültigen, wie sie vor allem von fernöstlichen Weisheitslehren propagiert wurde, trat nun die vage Hoffnung, dass das Kollektiv den letzten Sinn vermitteln könnte und mich die Einordnung in ein Gesellschaftssystem dem Ziel näherbrächte.

Diese Neuorientierung entwickelte sich damals natürlich weitgehend unbewusst und erschloss sich erst in einer späteren Betrachtung in ihrer logischen Abfolge. Vor allem ahnte ich damals noch nicht, dass das Risiko dieses Weges weitaus größer war, weil hier der Einsatz des ganzen Lebens und letztlich eine Radikalisierung innerhalb der Gesellschaft gefordert war.

Allerdings kam es nur zu einer kurzen Berührung, die eher den Charakter eines Blicks in den Abgrund als den der Beschreitung eines Weges hatte – glücklicherweise, wie sich herausstellte.

Gabelungen

In der Zeitung las ich von einer Männergruppe, die zu Abenteuerreisen auf einer Segelyacht in der Karibik einlud. Allerdings handelte es sich dabei nicht um eine Urlaubsreise, sondern vor allem um eine Lebensform und einen Weg, sich den Lebensunterhalt zu verdienen. Das Ganze sollte sich nämlich aus den Einnahmen aus dem Verkauf von Filmmaterial, das auf diesen Fahrten entstehen würde, finanzieren.

Schon beim Einstellungsgespräch fielen mir das martialische Äußere und der barsche Ton meines Gegenübers auf. Er war ganz in eine schwarze Uniform gekleidet, die mich stark an die Uniformen der SS erinnerte. Mir wurde erläutert, dass ich zunächst mehrere Monate in einem Trainingscamp in der Nähe von Los Angeles verbringen würde. Während dieser Zeit sei keinerlei Kontakt zu Verwandten und Bekannten gestattet. Außerdem müsse ich ohnehin jeglichen Kontakt zu meinem bisherigen Umfeld abbrechen, mein Auto verkaufen, die Wohnung abmelden und im Übrigen mein gesamtes Geld einbringen.

Für einen Moment faszinierten mich die klare Richtungs-

Kapitel 7: ABGRÜNDE

vorgabe und der damit einhergehende Bruch mit allem Bisherigen. Mit Entsetzen denke ich heute daran, in welchem Zustand ich gewesen sein muss, als ich tatsächlich zur Filiale meiner Bank hinüberging, die sich zufälligerweise auf der gegenüberliegenden Straßenseite befand, um dort mein Geld abzuheben und es den Schwarzhemden zu übergeben.

Ich war an einer Gabelung angekommen und befand mich auf dem besten Weg, eine Richtung einzuschlagen, die mich geradewegs in den Abgrund hätte führen können.

Die Bank hatte über Mittag geschlossen.

Das gab mir die nötige Zeit, zur Vernunft zu kommen und das Unterfangen abzublasen. Ich war noch einmal davongekommen.

Die zweite Gabelung ließ nicht lange auf sich warten.

Ich hörte, dass eine Gruppe namens Scientology Übungsleiter suchte, um ihre Methode, menschliche Probleme zu lösen, weiterzugeben. Hier gab es offenbar ein festgefügtes System, dessen Rigorosität der eigenen zweifelnden Unsicherheit ein Ende bereiten konnte.

Ich begab mich in ihr Büro im Zentrum von San Diego und war positiv angetan von der freundlichen Dame am Empfang, die mir zunächst einige Bücher von L. Ron Hubbard, dem Begründer der Gruppe, verkaufte.

Frohgemut fuhr ich über eine riesige, eindrucksvoll geschwungene Brücke auf das wunderschöne Coronado Island, eine der Stadt San Diego vorgelagerte Halbinsel, setzte mich auf die Mauer der Strandpromenade, genoss den Anblick der schäumenden Brandung und las.

Die Enttäuschung war immens. Schon nach den ersten Seiten wusste ich, dass diese Bücher nichts mit meiner Expedition zum Ursprung zu tun hatten. Ausgangspunkt schien die Feststellung zu sein, dass das einzige treibende Motiv des Menschen der Wille zum Überleben sei. Der Sinn des Lebens liege in diesem Überleben. Je höher der Mensch sein Überlebensniveau anheben könne, desto mehr Lebensfreude und Zufriedenheit erfahre er.

Um dieses Ziel zu erreichen, seien zwei Komponenten des Verstandes wichtig: der analytische Verstand, der bewusst und intelligent auf die Umwelt reagiere und den es zu fördern gelte, und der reaktive Verstand, der vergangene Eindrücke, sogenannte Engramme, in die aktuellen Entscheidungen mit einbringe und den man mittels spezieller Methoden ausschalten müsse, weil er ein Handeln in Freiheit unterbinde.

Oberflächlich gesehen zeigte sich hier eine gewisse Parallele zu den Aussagen Krishnamurtis, aber es war doch schon ein enormer Unterschied, ob ein Überleben auf diesem Planeten zur Ultima Ratio erhoben wurde oder die Erkenntnis der Großartigkeit der Schöpfung und des hinter ihr liegenden «Unermesslichen» – mit dem Ergebnis eines Lebens aus Liebe zur ganzen Schöpfung.

Ich stand auf und ging am Strand entlang. Auch diese Hoffnung hatte sich zerschlagen. Möglicherweise gab es keinen Ursprung, keinen Sinn, und meine Expedition war vergebens. Diese Erkenntnis überkam mich mit solcher Wucht, dass ich zusammenbrach, hinfiel und erschöpft auf dem warmen Sand liegen blieb.

Lange lag ich so da, ohne einen klaren Gedanken fassen zu können.

Da kam ein braungebrannter Jogger angetrabt.

Ich sah auf, unsere Blicke begegneten sich, er strahlte mich an und schmetterte mir aus voller Brust entgegen: «A wonderful good morning to you!» Und vorbei war er.

Ich werde diesen Moment nie vergessen. Es war wie eine Bluttransfusion. Ich stand auf und wusste, dass es von nun an aufwärtsgehen würde. Auf welche Weise das geschehen sollte, hätte ich mir allerdings nie träumen lassen.

Irrwege

Ich war der Versuchung, durch Unterordnung unter ein rigoroses System von Regeln und Normen dem Leben einen Sinn zu geben, knapp entronnen. Die damals eher instinktiv vollzogene Abkehr sollte ich erst später gedanklich voll erfassen, als mir bewusst wurde, dass dies der Weg aller zu Diktaturen mutierten Ideologien und fanatisierten Religionen ist und seit Menschengedenken zu Unterdrückung, Sklaverei, Kriegen, Kreuzzügen, Inquisitionen und zum Terrorismus der heutigen Zeit führt.

Der Ausgangspunkt dieser Katastrophen scheint immer derselbe zu sein: Die zugrunde liegenden gedanklichen Systeme sind meist durchweg in bester Absicht entstanden. Sie kommen ausnahmslos im Gewand des Altruismus, der Lebenshilfe oder der Weltverbesserung daher, so dass es gerade für den wohlmeinenden Sinnsuchenden praktisch unmöglich ist, die Gefahren dieser Wege zu erkennen.

Beispielsweise beruht das so katastrophal gescheiterte kommunistische Weltexperiment bekanntlich auf einem Gedankengut mit an sich hochwertiger Zielsetzung, das nichts weniger als die Beseitigung der ökonomisch-sozialen Ungerechtigkeit auf diesem Planeten im Sinn hatte.

Wie konnte es dann aber dazu kommen, dass der Versuch, dieses System in die Praxis umzusetzen, weltweit, ohne Ausnahme und unabhängig von der zum Experimentierfeld gewordenen Nation zu einem wahren Ausbund an Ungerechtigkeit und Unterdrückung geführt hat, aus der sich die geschundenen Völker erst nach einem halben Jahrhundert wieder befreien konnten?

Das Problem scheint zum einen darin zu liegen, dass man die Verantwortung für die Sinngebung des eigenen Lebens einem System oder einem Vertreter des Systems, einem Führer, abgibt. Dies fällt umso leichter, da dies im Kollektiv geschieht. Man erfährt Zugehörigkeit und Schutz, und in der Missionierung oder Bekämpfung Andersdenkender liegt eine zusätzliche Sinn gebende Komponente.

Die Suche nach einem darüber hinausgehenden Sinn des Lebens scheint nicht mehr nötig zu sein, auch wenn zuweilen diese beharrliche leise innere Stimme dem einen oder anderen Verfechter dieser Irrwege etwas anderes signalisiert haben mag. Gerade das Gebot des absoluten Gehorsams und der rigorosen Einhaltung von Regeln und Verhaltensweisen ist dabei eines der probatesten Mittel, diese innere Stimme endgültig zum Schweigen zu bringen. Die Sinnsuche wird also schon im Vorfeld blockiert, weil man ein System befolgt, das fälschlicherweise bereits für das Endgültige gehalten wird.

Dieser Trugschluss ähnelt in gewisser Weise der Meinung, dass die Physik alles erklären kann und damit eine tiefer gehende Suche nach dem Wesen des Seins nicht mehr nötig ist. Bezeichnend ist, dass sich gerade die Naturwissenschaftler kommunistischer Länder verzweifelt um eine Interpretation der Quantenmechanik bemühten, die trotz der Entdeckung durch diese Theorie, dass Ereignisse unvorhersehbar sind, doch noch einen deterministischen Ablauf des Weltgeschehens zulassen würde.

Insofern lag hier gleich eine doppelte Blockierung vor: Die Physik degradierte sich selbst zu einem Hindernis für die Erforschung des tieferen Wesens des Seins, und ein ideologisches System maskierte die Suche nach dem eigentlichen Sinn des Lebens. In der dementsprechend unangefochtenen, aber falschen Gewissheit, einem in sich stimmigen System anzugehören, das die Welt sowohl grundsätzlich in ihrer inneren Bedingtheit verstehen als auch endgültig sinngebend verbessern konnte, lag die Attraktivität dieser Ideologie für ihre Anhänger.

Kapitel 7: ABGRÜNDE

Das zweite Dilemma des kommunistischen Experiments bestand in dem Widerspruch, dass eine Weltverbesserung von ebendem Wesen getragen werden sollte, um dessen Verbesserung es eigentlich ging: dem Menschen. Offenbar ist die Beseitigung von Ungerechtigkeit und Gewalt nicht möglich, solange dieser Versuch von Menschen unternommen und angeführt wird, die ihrerseits nicht vor Ungerechtigkeit und Gewalt zurückschrecken.

Was zunächst als aufrichtig gemeintes System der Weltverbesserung begann, wurde zusehends von den unverbesserten Eigenschaften seiner Vertreter und Führer durchsetzt, und zwar ausnahmslos und weltweit, als unübersehbare Demonstration eines offenbar universellen Gesetzes, dass der Mensch sich nicht am eigenen Schopf aus dem Sumpf ziehen kann.

Die Versuchung, in der Unterordnung unter ein System von weltverbessernden Normen und Regeln schon den Sinn des Lebens zu sehen und deswegen dieses System mit aller Gewalt gegen Andersdenkende zu verteidigen oder der Welt aufzwingen zu wollen, ist natürlich nicht auf das kommunistische System beschränkt.

Es scheint ein Phänomen zu sein, das der gesamten Geschichte der Menschheit inhärent ist. Nur so ist es zu erklären, zu welchen Gräueltaten sich nicht nur Vertreter irgendwelcher Ideologien, sondern gerade auch von Religionen aller Couleur hinreißen ließen, warum ein Hitler oder ein Stalin von den Massen bejubelt wurden, Studenten zu Terroristen wurden und die heutige Welt von radikalen Gruppen bedroht wird, deren Sinngebung hauptsächlich in ebendieser Bedrohung zu liegen scheint.

In allen diesen Fällen sind Menschen dem Trugschluss erlegen, ihrem Dasein durch die Fixierung auf ein System von vermeintlich allgemeingültigen Normen oder Ritualen einen endgültigen Sinn verleihen zu können.

Das Problem liegt dabei nicht in dem Versuch, die Welt zu verbessern und von Ungerechtigkeit zu befreien, sondern in der Verabsolutierung der zugrunde liegenden ideologischen oder religiösen Systeme zu endgültig Sinn gebenden Instanzen, gepaart mit der daraus resultierenden Absicht, der Menschheit diese Systeme aufzuzwingen.

Der Anspruch des End-Gültigen muss notwendigerweise zu der so fatalen Intoleranz und Radikalisierung des Verhaltens gegenüber Andersdenkenden führen, sonst wäre dieser Absolutheitsanspruch als solcher nicht haltbar. Doch dadurch ist jedwede ursprünglich hochwertige Intention automatisch neutralisiert.

Die Absicht, der Menschheit zu helfen, auch wenn es «ein paar Menschenleben» kostet, zeigt unmissverständlich, dass keine wirkliche tiefe innere Weisheit und Qualität vorhanden ist, die der Welt tatsächlich Gutes bringen könnte. Wo der einzelne Mensch um des Systems willen nicht zählt, kann die Intention des Systems nicht das Wohl des Menschen sein.

Das gilt sowohl für die Systeme eines Hitlers, Stalins, Maos oder Pol Pots als auch für die fanatisierten Varianten der großen Weltreligionen oder kleinen Sekten, die der Welt immer wieder ungeheures Leid zugefügt haben und immer noch zufügen.

Letztlich scheint alles auf die Frage hinauszulaufen, was wirklich auf Dauer umsetzbar und tragfähig ist: der Versuch, eine gesellschaftliche Struktur zu erdenken und diese der Menschheit als Lebenssinn aufzuzwingen, oder den Menschen die Freiheit zu einer individuellen Sinnfindung zu belassen, mit der Aussicht, dass sich die adäquate Gesellschaftsform dann quasi als Nebenprodukt automatisch und in Freiheit ergeben wird, nicht als Bedingung für ein sinnerfülltes Leben, sondern als Konsequenz.

Im Bereich der großen gesellschaftspolitischen Entwürfe

spiegeln sich diese beiden Möglichkeiten bekanntlich in den zu Diktaturen mutierten Ideologien oder Religionen einerseits und den demokratischen Systemen anderseits wider. Dabei gehört es zu den unheimlichsten Phänomenen der Menschheitsgeschichte, dass sich die unterdrückerische Variante immer wieder manifestieren konnte, auch wenn die Geschichte überdeutlich zeigt, dass sie nur Leid und Tod, niemals aber das erhoffte Ziel hervorzubringen vermochte.

Der Grund hierfür muss offenbar vor allem in dem mehr oder weniger bewussten, aber doch so tiefgründig-beharrlichen menschlichen Verlangen nach einem Sinn des Lebens liegen, getragen von der trügerischen Hoffnung, dieses durch die Einordnung in ein System mit klar definierten Zielen und Regeln – je rigoroser, desto besser – stillen zu können.

In gewisser Weise war mir dieser vordergründige Ersatz einer echten Sinnfindung durch die Regeln und Normen eines festgefügten Systems auch in der Kirche begegnet, vor allem in den mir zumindest damals unverständlichen liturgischen Handlungen, den altertümlichen Gesängen und den Predigten, die oft nur die Einhaltung ebendieser Regeln und Normen einklagten und im gleichen Atemzug häufig auch noch betonten, wie mühselig das alles sei und wie wenig wir doch dazu in der Lage wären.

Auf ähnlich instinktive Weise wie im Falle des Männercamps und von Scientology hatte ich mich hiervon schon früh abgewandt. Die Kirche, zumindest so, wie ich sie damals sah, kam als Sinn gebende Instanz für mich nicht in Frage.

Kapitel 8:
UMKEHR

«Du bist ein Suchender», sagte John und blickte mich mit seinen strahlenden, hellblauen Augen direkt an. «Und du wirst finden. Jetzt.»

Natascha hatte mich zu diesem Mann geführt, den sie über ihre Freundin kennen gelernt hatte. Er sei ein *counsellor*, einer, der einen in schwierigen Lebenslagen beraten könne. Die gab es in Amerika wie Sand am Meer, und ich war eigentlich nur gekommen, um Natascha einen Gefallen zu tun. Unsere kurze Beziehung war bereits in eine Krise geraten, und vielleicht konnte er ja in der Tat den einen oder anderen guten Rat geben.

Von Natascha hatte ich gehört, dass er ein sogenannter gläubiger Christ sei, und halb aus Höflichkeit, halb aus Neugier fragte ich ihn, welche Aussagen der Bibel er denn als die wichtigsten ansehen würde.

«Jede», sagte er, und ohne weiter nach meinem Namen oder meinem ursprünglichen Anliegen zu fragen, schlug er eine reichlich zerblätterte Bibel auf und las einen Satz nach dem anderen vor, ohne eine Reaktion von mir abzuwarten oder etwa nach einem der Verse ein Gespräch mit mir zu eröffnen.

Es kamen nur diese Sätze aus dem zerfledderten Buch:

Kommt her zu mir, alle, die ihr mühselig und beladen seid; ich will euch erquicken.

Wer zu mir kommt, den wird nicht hungern; und wer an mich glaubt, den wird nimmermehr dürsten.

Wen da dürstet, der komme zu mir und trinke.

Wer an mich glaubt, wie die Schrift sagt, von dessen Leib werden Ströme lebendigen Wassers fließen.

Wer aber von dem Wasser trinkt, das ich ihm gebe, den wird in Ewigkeit nicht dürsten, sondern das Wasser, das ich ihm geben werde, das wird in ihm eine Quelle des Wassers werden, das in das ewige Leben quillt.

Trotz Konfirmation und gelegentlicher Weihnachtsgottesdienste als Kind hatte ich diese Sätze noch nie vorher gehört. Aber so fremdartig sie mir zunächst auch vorkamen – allmählich entstand in mir das unbestimmte Gefühl, dass ich gemeint sein könnte.

Ich bin das Licht der Welt. Wer mir nachfolgt, der wird nicht wandeln in der Finsternis, sondern wird das Licht des Lebens haben.

Ich bin die Tür; wenn jemand durch mich hineingeht, wird er selig werden und wird ein- und ausgehen und Weide finden. Ich bin gekommen, damit sie das Leben und volle Genüge haben sollen.

Wer an den Sohn glaubt, der hat das ewige Leben.

Denn das ist der Wille meines Vaters, dass, wer den Sohn sieht und glaubt an ihn, das ewige Leben habe.

Kapitel 8: UMKEHR   91

Je länger dieser wildfremde Mann da vor mir saß und unverdrossen weiterlas, desto mehr verstärkte sich der Eindruck, dass diese Aussagen tatsächlich mir galten.

Denn also hat Gott die Welt geliebt, dass er seinen eingeborenen Sohn gab, damit alle, die an ihn glauben, nicht verloren werden, sondern das ewige Leben haben.

Der Menschensohn ist nicht gekommen, dass er sich dienen lasse, sondern dass er diene und gebe sein Leben zu einer Erlösung für viele.

Wenn wir sagen, wir haben keine Sünde, so betrügen wir uns selbst, und die Wahrheit ist nicht in uns.

Wenn wir aber unsre Sünden bekennen, so ist er treu und gerecht, dass er uns die Sünden vergibt.

In ihm haben wir die Erlösung durch sein Blut, die Vergebung der Sünden.

Offenbar war *ich* gemeint.
Denn ich hatte Durst. Durst nach dem Sinn des Lebens, nach etwas Endgültigem. Lange Wege war ich schon gegangen, aber dieser Durst war noch nie gestillt worden.
Versprechungen in diese Richtung hatte ich zwar schon viele gehört, aber alle hatten sich als trügerisch erwiesen oder mich verwirrt und verunsichert. In diesen Sätzen schwangen jedoch ein Ernst und eine Wahrhaftigkeit mit, die mir neu waren und die mich tiefer anrührten, als ich mir eingestehen wollte.
Dies galt auch in Bezug auf Unwahrheiten, mit denen ich gelebt hatte, und Verletzungen, die ich anderen zugefügt hatte

und die ich in Momenten der Selbstreflexion zuweilen als Schuld empfand. So war es zu erklären, dass die Aussagen über Sünde und Vergebung, die John mir unter anderem vorlas, durchaus nicht auf Unverständnis bei mir stießen, sondern im Gegenteil noch tiefer als alles Vorherige ins Schwarze trafen.

Zu meinem Ärger merkte ich nach einiger Zeit, dass ich den Tränen nahe war. Von da an versuchte ich krampfhaft, nicht mehr hinzuhören, damit mir im Beisein von Natascha kein Malheur passierte. Doch es gelang mir nicht. Denn das Vorgelesene schien immer zentraler auf mich, auf meine Sehnsucht, auf meine Schuld und auf mein ganzes Leben zugeschnitten zu sein.

Ende des Weges

Als ich mich ausgeweint hatte, blickte ich auf.

«Das, was du suchst, kannst du jetzt haben», sagte John. «Willst du es jetzt haben?»

Ich bejahte, und er ließ mich ein einfaches, kurzes Gebet sprechen:

«Herr Jesus Christus, ich komme jetzt zu dir. Ich bekenne, dass ich ein Sünder bin. Ich bitte dich um Vergebung aller meiner Schuld. Sei von nun an der Herr meines Lebens. Danke, dass du mich erhört hast. Amen.»

Ich war studierter Diplomphysiker. Mein Zeugnis von der ehrwürdigen Georg-August-Universität Göttingen war erstklassig, und dementsprechend hatte ich auch ein Stipendium für die University of California in San Diego bekommen. Außerdem hatte ich für die Zeit danach ein weiteres Stipendium für das Atomforschungszentrum Pelindaba in Südafrika in der Tasche gehabt.

Auf der Basis der Hypothese, dass es einen tieferen Sinn des Lebens geben musste, wie immer der auch aussehen mochte, hatte ich mich mit den verschiedensten Wegen vertraut gemacht, die versprachen, mich zu diesem Sinn zu führen. Meine Handlungen auf diesem Weg waren weitgehend folgerichtig gewesen, und ich hatte dabei die volle Kontrolle über mein Leben behalten, auch wenn es beinahe einige Unfälle gegeben hätte und mich das Nebulöse und Unklare der fernöstlich angehauchten Lehren immer wieder beunruhigte.

Ich war ein Dropout, aber ich hatte wieder eine gute Arbeit als Direktor einer Sprachschule gefunden. Die Probleme mit Natascha waren schmerzlich, aber es war nichts, was andere nicht auch erlebten, es lag vollkommen im Bereich des Normalen.

Ich war in keiner wirklich krisenhaften Situation.

Doch der ganze bisherige Weg hatte mich offenbar für diesen Moment empfänglich gemacht: Ich konnte dieses Gebet voll und ganz bejahen.

John hielt mir das abgewetzte Buch hin und sagte: «Das musst du essen!»

Er zeigte auf ein Bücherbord und fügte hinzu: «Wann immer du etwas beim Lesen der Bibel nicht verstehst, dann stelle es sozusagen erst einmal auf dein geistiges Bücherregal. Irgendwann, vielleicht viel später, wird es sich dir entschlüsseln. Mein Regal ist schon extrem durchgebogen vor lauter Bibelstellen, die ich noch nicht verstanden habe.»

Dabei zeigte er wieder auf das Bücherbord, das wie zur Illustration seiner Worte tatsächlich ziemlich durchgebogen war. «Aber was dir beim Lesen verständlich ist, und das wird einiges sein – danach lebe!»

Natascha und ich verabschiedeten uns, ohne das eigentliche Anliegen besprochen zu haben.

Etwas beschämt darüber, dass ich in ihrem Beisein Schwäche gezeigt hatte, saß ich auf der Fahrt nach Hause am Steuer. Aber tief, tief innerlich wusste ich, dass ich am Ende des bisherigen Weges angekommen war und etwas Neues begonnen hatte. Etwas Gutes.

Letzte Hürden

Dr. Bloodwell war mit der Einführungsstunde in meiner Sprachschule hochzufrieden. Er würde ein ganzes Paket weiterer Deutschstunden ordern. Erfreut über dieses Ergebnis, unterhielt ich mich noch ein wenig mit diesem neuen Kunden, auch wenn es schon spät geworden war und die Sprachschule schon geschlossen hatte.

Es stellte sich heraus, dass auch er ein Suchender war und einen hochinteressanten Weg gefunden hatte, mit dem das eigentliche, unerschöpfliche Potenzial des Menschen angezapft werden konnte. Er war auf eine Methode gestoßen, durch einfache Versenkungstechniken Zugang zu außersensorischen Wahrnehmungen und letztlich zur unbegrenzten Weisheit des Seins zu bekommen.

Eigentlich wollte ich erst einmal das neue Erlebnis, das John mir vermittelt hatte, verarbeiten und war daher wenig geneigt, mich wieder auf ein neues Abenteuer einzulassen. Aber was ich hier hörte, war so erstaunlich, dass ich nicht umhin konnte, mich persönlich von der Wirkungsweise des Verfahrens zu überzeugen.

Das Seminar fand in dem eleganten Haus von Dr. Bloodwell, einem Chiropraktiker, in einem Vorort von San Diego statt. Während mehrerer Abende wurde ein Verfahren zur schnellen Selbsthypnose anhand einer simplen Rückwärts-Zähltechnik sowie einer darauf beruhenden Methode der

Wahrnehmung räumlich weit entfernter Gegenstände und Personen eingeübt.

In den Pausen servierte Dr. Bloodwell köstlichste Drinks auf Kokos- und Ananas-Basis. Es ergaben sich interessante Gespräche, in denen man unter anderem über die Mechanismen der extrasensorischen Wahrnehmung spekulierte. Eine der Thesen war, dass das Gehirn lediglich ein unendlich vielpoliger Stecker sei, mit dem der Mensch sozusagen mit der kosmischen Wissensdatenbank verbunden sei.

So spekulativ diese Überlegungen auch waren, so beeindruckend real war die Abschlussprüfung: Jeder Teilnehmer sollte an jemanden aus seinem Bekanntenkreis denken, der an einer Krankheit litt. Die Prüfung bestand dann darin, dass die Teilnehmer Paare bildeten und jeder die Krankheiten des Bekannten seines jeweiligen Partners diagnostizieren sollte, nachdem ihm lediglich Name und ungefähres Alter des «Patienten» mitgeteilt worden waren.

Relativ zielstrebig kam mein Partner auf die Schmerzen in den Beinen und die zerstörte Lunge meines Bekannten zu sprechen, der ein starker Raucher war. Aber in seiner Trance sah er auch, dass die Speiseröhre angegriffen und insbesondere die Mageneingangsöffnung stark verletzt war. Von diesen Symptomen wusste ich nichts und beschloss daher, bei meinen Eltern anzufragen, ob es sich mit diesem alten Bekannten unserer Familie tatsächlich so verhielt. Wochen später sollte ich die höchst erstaunte Bestätigung erhalten.

Nun war ich an der Reihe und musste die Krankheit des Bekannten meines Partners identifizieren. In der vorgeschriebenen Weise begab ich mich in den leichten Trancezustand, der übrigens den Versenkungszuständen der Transzendentalen Meditation ziemlich ähnlich war, und ließ den betreffenden Menschen vor meinem geistigen Auge entstehen.

Dabei hatten wir gelernt, zunächst den äußeren Menschen zu betrachten, dann die Muskulatur, danach die inneren Organe und schließlich das Skelett, jeweils wie bei einer Computertomografie vom Kopf bis zu den Füßen. Bei den inneren Organen angelangt, sah ich in meiner Vorstellung sofort eine größere schwarze Kugel im linken Bereich seines Gehirns, die mit einem schwarzen Band mit dem rechten Auge verbunden war, das mit einer ebenfalls schwarzen Kugel fast vollständig ausgefüllt war.

Somit konnte ich schon einmal konstatieren, dass dieser Mensch große Schmerzen in seinem rechten Auge haben musste, denn Schwarz deutete auf Schmerz, und die Form der schwarzen Struktur zeigte, dass dieser Schmerz sich vom Auge über den Sehnerv ins Gehirn ausgebreitet hatte.

Dass dieser Schmerz offenbar in der linken Gehirnhälfte wahrgenommen wurde, entsprach exakt der Überkreuz-Anordnung der Sehnerven im Gehirn. Diese Feststellung rief bereits höchstes Erstaunen in meinem Partner hervor. Aber der Übungsleiter war mit dem Ergebnis noch nicht zufrieden und forderte mich auf, weiterzumachen.

Im Großformat ließ ich also das Auge noch einmal vor mir entstehen – und tatsächlich: Ich entdeckte einige feine Striche auf der hinteren Seite des Augapfels, auf der Netzhaut, und konnte noch anmerken, dass diese vor etwa drei Monaten entstanden sein mussten. Zu einer tiefer gehenden Aussage war ich danach nicht mehr in der Lage.

Allerdings schien das bereits mehr als genug zu sein, denn mein Trainingspartner war nunmehr restlos entgeistert. Sein Bekannter hatte eine Laseroperation auf der Netzhaut seines rechten Auges gehabt, und ich hatte auch den Zeitpunkt der Operation richtig bestimmt. Dass ich die Diagnose nicht exakt stellen konnte, lag schlicht und einfach daran, dass ich zu der Zeit noch gar nicht wusste, dass es dieses neuartige Verfahren gab.

Tief beeindruckt saß ich noch lange in dieser Nacht in meinem kleinen Apartment in La Jolla und analysierte das Geschehen. Es eröffnete sich eine Vielzahl von ungeheuerlichen Möglichkeiten.

Man hatte uns berichtet, dass man mit dieser Methode Kriminalfälle gelöst hatte, weil man sehen konnte, wo sich bestimmte Menschen aufhielten und was sie dort taten. Nach dieser Abschlussprüfung war das für mich keine Überraschung mehr. Aber konnte man mit dem gleichen Verfahren nicht auch dem einen oder anderen Banker oder Geschäftsführer über die Schulter schauen und einige Gewinn bringende Schlüsse aus den vor ihnen liegenden Dokumenten ziehen?

Noch spannender war die Feststellung des Übungsleiters, dass die extrasensorische Wahrnehmung keine Einbahnstraße sei. Auf die gleiche Weise, wie die Information vom Patienten zu dem in Trance Versenkten gelange, könne man umgekehrt auch Information zum Patienten «beamen», etwa um den Heilungsprozess zu beschleunigen.

Ich konnte nicht umhin, mir auch andere Anwendungsmöglichkeiten vorzustellen, bei denen man Menschen heimlich seine Vorstellungen aufprägte – um das einmal etwas vorsichtig zu umschreiben.

Mich beschlich jedoch das gleiche Gefühl der Unruhe und der Unklarheit, das ich schon von den Meditations-Erfahrungen her kannte. Dieses Unwohlsein verstärkte sich noch, wenn ich an den sogenannten «Helfer» dachte.

Während des Kurses wurde uns gezeigt, wie man in scheinbar unlösbaren oder schwierigen Fällen extrasensorischer Wahrnehmungsversuche einen Helfer anrufen konnte, der einem dann die fehlende Information übermitteln würde.

Diesen Helfer hatte man durch eine einfache Visualisierungstechnik während einer Versenkungsübung vor seinem geistigen Auge entstehen lassen. Dabei konnte er die unterschiedlichsten Formen annehmen. Bei einigen Übungsteilnehmern war es ein Gesicht, bei anderen eine Gestalt, bei mir war es, soweit ich mich erinnern kann, eine graue Wolke.

Bei der ersten Begegnung waren wir gehalten, diesen Helfer nach seinem Namen zu fragen. Der erste Name, der uns dann einfalle, entspräche der Antwort auf unsere Frage. Verblüffend war für mich, wie schnell und eindeutig dieser fremdartige Name auftauchte. Uns wurde erklärt, dass diese Helfer nur eine Hilfskonstruktion seien, um Blockaden der eigenen Intuition zu umgehen, und keinerlei Realität besäßen.

Allerdings hatte Dr. Bloodwell erzählt, dass der Erfinder der Methode seinen Helfer einmal gefragt habe, was er denn davon hielte, dass er ihn erschaffen habe. Worauf er die Antwort erhielt: «Wieso glaubst du, dass du mich erschaffen hast?»

Zwischen den Fronten

Unversehens drängte sich mir ein Vergleich auf zwischen der Qualität der Erfahrung mit dieser Versenkungsmethode und der Begegnung mit John ein paar Tage zuvor. Die eine führte zu Unruhe und Verwirrung, die andere war hell und gut. Tief im Innern spürte ich, dass ich früher oder später eine eigene Stellung zu beidem beziehen müsste.

Etwa zur gleichen Zeit wie Dr. Bloodwell kam eine junge Amerikanerin, Judith Feinman, in die Sprachschule. Als ich sie fragte, warum sie Deutsch lernen wolle, stellte sich heraus, dass sie gläubige Christin war und demnächst in das Land Martin Luthers reisen wollte, auch wenn der Geburtsort und die Wirkungsstätte des Reformators damals für den Westen noch nicht zugänglich waren.

Natürlich kam ich auch mit ihr über meine Sinnsuche ins

Gespräch, und es konnte sein, dass ich mich an einem normalen Arbeitstag zuerst mit Dr. Bloodwell über die Geheimnisse der extrasensorischen Wahrnehmung und gleich danach mit Judith über den christlichen Glauben unterhielt.

Hier verstärkte sich der Eindruck, dass ich irgendwie zwischen zwei Fronten geraten war. Die Gespräche mit Dr. Bloodwell waren höchst faszinierend, und er berichtete über immer neue Möglichkeiten und Hintergründe des Verfahrens zur außersinnlichen Wahrnehmung. Dagegen waren die Gespräche mit Judith weniger erfreulich, denn sie beharrte darauf, dass ich ein völlig falsches Verständnis von der Bibel hätte.

Das war insofern ärgerlich für mich, da ich mir inzwischen gemäß der Empfehlung von John eine Bibel gekauft hatte und dabei war, sie im Eiltempo von vorne bis hinten durchzulesen. Seine Anregung, auch dann weiterzulesen, wenn ich etwas nicht verstand, hatte mir zu denken gegeben. Ich erinnerte mich daran, mit welcher Beharrlichkeit ich mir jahrelang die Zähne an den Lehrbüchern meines Studiums ausgebissen hatte, ohne am Anfang auch nur das Geringste von der Materie zu begreifen. Erst nach langer, intensiver Befassung mit dem Stoff hatte sich der Inhalt allmählich erschlossen.

Sollte es mit der Bibel ähnlich sein?

Auf alle Fälle wollte ich diesen Weltbestseller wenigstens einmal in meinem Leben mit der gleichen Akribie durchgearbeitet haben, wie ich es mit meinen Physik- und Mathematikbüchern und später mit der Bhagavad Gita und anderen Büchern über fernöstliche Weisheitslehren getan hatte. Das erschien mir nur recht und billig.

Eigentlich war ich sogar ein bisschen erstaunt, dass mir das nicht schon früher eingefallen war. Aber dieser Lapsus hing wohl damit zusammen, dass ich, wie schon beschrieben, von der Kirche und damit auch von der ihr zugrunde liegenden Schrift keine Hilfe für meine Expedition zum Ursprung erwartet hatte.

Ich hatte sehr viel Muße. Meine Arbeitszeit betrug sechs Stunden, und ich konnte es mir einteilen, ob ich morgens in die Sprachschule fuhr oder erst nachmittags. Die andere Hälfte des Tages übernahm ein sogenannter «Office Manager» die Geschäfte, den ich aus den Lehrern rekrutiert hatte. In der freien Zeit saß ich meist am Strand, genoss den Blick auf den Pazifik, das Rauschen der Brandung, die Schreie der Möwen, die frische Seeluft – und las und las und las.

Neben der Bibel hatte ich mir allerdings noch ein weiteres voluminöses Werk vorgenommen; ein Buch der Theosophin Alice Bailey, dessen Inhalt ihr angeblich von einem durch zahlreiche Wiedergeburten hindurchgegangenen, hochstehenden tibetanischen Meister telepathisch diktiert worden war.

Grundtenor dieses Buches war, dass es eine Gruppe höherer Wesen auf der Erde gäbe, die von einem geheimen Ort in Mittelasien, genannt Shamballa, das Geschick der Menschheit leite. An der Spitze dieser Gruppe stehe Jesus Christus und noch darüber Buddha. Durch Meditationsübungen könne man sich diesen Wesen nähern, die eigene geistige Evolution beschleunigen und vor allem durch kollektive meditative Beeinflussung der Menschheit insgesamt zum Guten verhelfen.

Aus meiner heutigen Sicht ist mir kaum noch vorstellbar, wie ich mich damals mit diesen Inhalten befassen konnte. Möglicherweise hing das damit zusammen, dass ich nach der Erfahrung des Hellsehens damals wie heute das Phänomen der extrasensorischen Wahrnehmung und Telepathie nicht mehr von vornherein als unsinnig abtun konnte. Zum anderen fand ich hier eine Verbindung zwischen meiner bisherigen Beschäftigung mit fernöstlichen Lehren und Meditationspraktiken und dem von John erweckten Interesse an der Bibel.

Vermutlich wollte ich mir zu diesem Zeitpunkt noch nicht eingestehen, dass alle bisherigen Bemühungen, dem Ziel meiner Expedition mittels bewusstseinsändernden Verfahren und esoterischen Lehren näherzukommen, möglicherweise umsonst gewesen waren. Im Gegenteil – hier schien mir eine Hilfe gegeben, die biblischen Aussagen mit der Esoterik verknüpfen, interpretieren und besser verstehen zu können.

Kapitel 9:
DURCHBRUCH

Dass sich die Lehren der Bibel nicht mit der Esoterik verbinden ließen, musste ich mir regelmäßig einmal in der Woche vorhalten lassen, wenn Judith zu ihrer Deutschstunde kam und anschließend auf meine Ausführungen über die Bedeutung der einen oder anderen Passage der Bibel nur traurig den Kopf schüttelte.

Was Judith unter anderem kritisierte, war, dass ich die Aussagen der Bibel nicht wörtlich nahm, sondern sie zunächst im Kontext meines bisherigen, stark von besagten östlichen Weisheitslehren geprägten Weltbildes interpretierte – und dann diese Interpretation für das hielt, was gemeint war.

Zum Beispiel war die Kreuzigung und Auferstehung Jesu für mich nur eine allegorische Darstellung des Versenkungsweges während der Meditation, bei dem alles Gegenständliche allmählich abfällt, bis man in seiner Wahrnehmung dem Diesseitigen weitgehend abgestorben ist, dadurch in den Zustand des reinen Seins eintaucht und dort die Auferstehung im Sinne der buddhistischen Erleuchtung erlangt. Ähnlich interpretierte ich etwa auch das Gleichnis vom Weizenkorn im Neuen Testament, das erst dann Frucht bringen kann, nachdem es in die Erde gefallen und gestorben ist.

Auch das Wort Jesu: «Wer an mich glaubt, hat das ewige Leben»[5], war für mich so zu verstehen, dass der, der an die Möglichkeit einer Erleuchtung glaubte und sich dementsprechend stetig bemühte, sie zu erlangen, sie eines Tages auch erlangen würde, sie in diesem Sinne durch seinen Glauben an ihre Verwirklichung sozusagen bereits so gut wie sicher erreicht hatte, auch wenn sich diese Verwirklichung erst viel später einstellen sollte.

Im Nachhinein kann ich in der Tat eine gewisse Analogie mit dem Trugschluss konstatieren, dass die Physik alles erklärt, obwohl sie es doch nur beschreiben kann. Hier war es ähnlich. Ich hielt meine Interpretation der Texte bereits für die eigentliche Wahrheit. In gewisser Weise las ich nicht den Text, sondern meine Interpretation des Textes.

Im Licht der Logik

Die Sprachschule gedieh prächtig. Genau genommen gehörte sie zu den Sullivan Language Schools, die ganz ähnlich wie die besser bekannten Berlitz-Schulen aufgebaut waren. Umsatz und Ergebnis meiner Filiale standen auf Platz zwei aller Niederlassungen. Besser war nur die Filiale in Los Angeles, was kein Wunder war, da sie an weitaus zentralerer Stelle gelegen war als mein Unternehmen.

Aber ich hatte große Pläne, mittels derer ich bald zur Nummer eins aufsteigen wollte. Ich hatte vor, der Polizei von San Diego ein großes Paket Spanischkurse zu verkaufen. Aufgrund der vielen legalen und illegalen Einwanderer aus Mexiko war hier ein eindeutiger Bedarf erkennbar.

Obwohl meine Arbeit nicht das Geringste mit meiner Ausbildung zu tun hatte, machte sie mir großen Spaß. Es war der Beweis, dass ich auch außerhalb eines vorgezeichneten, behüteten Weges als Absolvent einer renommierten deutschen Universität mein Leben meistern konnte.

Außerdem lernte ich den ganzen Querschnitt der amerikanischen Bevölkerung kennen.

Zu den Kunden zählte neben Judith Feinman und dem erwähnten Chiropraktiker Dr. Bloodwell zum Beispiel ein Filmschauspieler, der aus irgendwelchen Gründen unbedingt Französisch lernen wollte und sich immer mit der gleichen bildhübschen Französischlehrerin meist jeweils für eine ganze Stunde in die Sprachübungskabine zurückzog.

Ein Autohändler lernte Spanisch, um seinen Umsatz bei den Mexikanern zu verbessern.

Ein anderer Kunde, der Besitzer einer Autowaschanlage, langweilte sich zu Tode und lernte Spanisch als Zeitvertreib. Mitunter musste ich meine Sekretärin bitten, mich für ein paar Stunden zu vertreten, und dann flogen wir in seinem Privatflugzeug in irgendwelche entlegenen Gegenden, wo es in der Nähe des Sportflugplatzes ein Restaurant gab, in dem wir dann zu Mittag aßen.

Ein Grundstücksmakler lernte Deutsch, weil er seinen Urlaub in Deutschland und anderen Ländern Europas verbringen wollte. Er kam übrigens ganz begeistert wieder, weil er in Istanbul durch seine Deutschkenntnisse einen dort seit langer Zeit lebenden Deutschen kennen gelernt hatte, der ihm Istanbul aus der Sicht eines Insiders gezeigt hatte und ihm offenbar Erlebnisse von unschätzbarem Wert ermöglicht hatte.

Ich selber war von der Unterrichtsmethode absolut überzeugt, und das war vielleicht auch einer der Gründe unseres Erfolges. Anderseits hatte ich auch sehr gute Lehrer, die sich hier meist nebenberuflich eine zusätzliche Einnahmequelle verschafften.

Einer dieser Lehrer war Juan. Juan kam aus Chile. Ohne es zu wissen, sollte er den entscheidenden Durchbruch bei meiner Suche bewirken.

Juan hatte ein sehr bewegtes Leben hinter sich, und ich hörte gern seine Geschichten von den vielen Stationen entlang seines Weges. Zum Beispiel hatte er eine Zeitlang auf einer Farm gelebt. Eines Tages hatte sich ein Opossum in den Dachboden des Hauses verirrt, und er sollte es nach draußen befördern.

Die einzige Möglichkeit schien zu sein, es zu töten, und so begab er sich mit einer Mistgabel in der Hand auf den Dachboden. Dort sah er sich Auge in Auge dem Tier gegenüber, und während er die total verängstigte Kreatur so betrachtete, überkam ihn urplötzlich eine tiefe Liebe zu dem Wesen; eine Liebe von solcher Intensität, wie er sie noch nie vorher erlebt hatte. Just in diesem Moment geschah das Erstaunliche: Das Tier kam aus seiner Ecke auf ihn zu und sprang ihm direkt in die Arme! Anschließend konnte er es mühelos nach draußen tragen.

Auch er gehörte zu denen, die die Frage nach dem Sinn des Lebens stärker in sich spürten, und oft unterhielten wir uns über entsprechende Themen. Eines Abends, gerade bevor Judith Feinman zu ihrem Unterricht kam, befassten wir uns mit der Frage, was das Wesen des Bewusstseins war und wie der Wahrnehmungsprozess genau ablief.

Beeinflusst von den Aussagen Krishnamurtis versuchte ich Juan zu erklären, dass man zur tieferen Wahrnehmung der Dinge versuchen müsse, auf jegliche Kategorisierung zu verzichten. Dies gelte zum Beispiel auch für das Verständnis des gesprochenen Wortes oder des geschriebenen Textes, und ganz besonders eines Gedichtes. Auch hier müsse man versuchen, jegliche Interpretation möglichst zu unterdrücken, denn sonst würde man ja nicht wirklich wahrnehmen, was gesagt wurde, sondern nur die eigene Interpretation.

Juan widersprach vehement und vertrat die Ansicht, dass man überhaupt nicht direkt wahrnehmen könne, sondern alles nur durch den Filter der eigenen Konditionierung erkenne. Ich beharrte auf meinem Standpunkt, dass man auf diese Weise niemals zu einer Erkenntnis dessen, was wirklich ist, kommen könne. So würden auch grundlegend neue Erfahrungen schon im Keime erstickt, weil man ja der originären Wahrnehmung immer die Schablone des bereits Bekannten auflegen und statt des Eigentlichen und potenziell Neuen lediglich diese vergangenheitsgeprägte Schablone wahrnehmen würde. Zu einem Durchbruch zu einer neuen Erfahrung, zur Wahrnehmung des Eigentlichen, Ursprünglichen, müsse man jegliche durch bisheriges Wissen geprägte Schablonen und Klischees ablegen.

Etwas später kam Judith, und nach ihrer Deutschstunde unterhielten wir uns wieder über die Bibel. Das Gespräch nahm seinen gewohnten Verlauf: Wie immer legte sie mir nahe, die Aussagen der Bibel nicht nach eigenem Gusto zu interpretieren, sondern zu versuchen, sie so zu verstehen, wie sie dort geschrieben standen, sie also «für bare Münze» zu nehmen.

Und wie immer widersprach ich ihr vehement mit der Behauptung, dass man die Bibel ohne allegorische Interpretation nicht verstehen könne – bis sie diesmal das Gespräch tieftraurig abbrach.

Mit den Worten: «Was du suchst, habe ich, aber du hast es nicht», verabschiedete sie sich und verließ früher als sonst den Unterricht.

Kurze Zeit darauf befand auch ich mich auf dem Heimweg, genoss die warme kalifornische Abendluft, die durch die offenen Fenster meines Wagens strömte, bewunderte den Mond, der groß über den scharf gezackten schwarzen Silhouetten der Berge aufgegangen war, und lauschte den sehnsüchtig-hoffnungsvollen Klängen der Woodstock-Ära aus dem Radio.

Entspannt sinnierte ich vor mich hin, und dabei dachte ich auch an die vielen Gespräche an diesem Tag in der Sprachschule zurück, vor allem an die mit Juan und Judith.

Und dann durchzuckte es mich wie ein elektrischer Schlag: Ich sah den Widerspruch!

Juan hatte ich von der Notwendigkeit der direkten, von eigenen Interpretationen ungefärbten Wahrnehmung überzeugen wollen, und fast im gleichen Atemzug hatte ich Judith weisgemacht, dass ein Verständnis der Bibel nur über den Filter der eigenen Auslegung möglich sei.

Unwillkürlich trat ich aufs Gaspedal. Der Wagen machte einen Satz nach vorne. Konnte es sein, dass Judith recht hatte? Hatte sie mir nicht die ganze Zeit genau das nahelegen wollen, was ich eigentlich auch selber so vehement vertrat? Und doch hatte ich ihren Rat bislang immer strikt abgelehnt.

Jetzt wollte ich so schnell wie möglich in mein Apartment und mir die Bibel erneut vornehmen, aber es lag noch eine halbe Stunde Fahrt vor mir. Es ging eine Anhöhe hinauf, und am Scheitelpunkt eröffnete sich wie immer ein prachtvolles Panorama. Unter mir lag das nächtlich erleuchtete La Jolla mit seinen Villen und palmenumsäumten Straßen, durchzogen von den langen glitzernden Perlenketten der Autos. In der Ferne schimmerte der Pazifik im letzten Abendrot. Doch diesmal hatte ich kein Auge für diese Schönheit. Ich hatte eine neue Spur gefunden.

Erste Einblicke

Während ich hart am Rande der zulässigen Geschwindigkeit durch La Jolla raste, keimte in mir immer stärker die Hoffnung auf, dass ich kurz vor dem Ziel meiner Expedition angelangt war. In meinem Apartment angekommen, griff ich mir die Bibel, schlug sie auf und las. Da stand:

Wer an mich glaubt, hat ewiges Leben.

Kapitel 9: DURCHBRUCH

Noch einmal schob sich vor diesen Vers der Schleier der bisherigen Interpretation: Wer an die Möglichkeit der Erleuchtung glaubt, wird sich aufgrund dieses Glaubens aufmachen, sie zu suchen, und wird sie dementsprechend eines Tages – etwa vermöge geeigneter Meditationstechniken – auch erlangen, wenn er nur glaubend nicht locker lässt.

Doch dann wagte ich den direkten Blick.

Konnte das sein?

Dort stand nichts von einem Glauben an die grundsätzliche Möglichkeit einer Erleuchtung, nichts von Meditationspraktiken, auch nichts von Erleuchtung und nichts davon, dass man sie eines fernen Tages erlangen würde.

Was dort stand, war etwas völlig anderes: Jeder, der an Jesus Christus glaubt, hat bereits etwas, das mit «ewigem Leben» bezeichnet wird!

Lange saß ich vor der aufgeschlagenen Bibel und versuchte zu begreifen, was sich mir da aufgetan hatte.

Eine Erkenntnis war für mich besonders wichtig: Dieses «Haben» galt sofort, hier und jetzt. Was der Glaube an Jesus Christus bedeutete und was mit ewigem Leben gemeint sein konnte, blieb mir an jenem Abend verschlossen, auch wenn natürlich die Vermutung nahe lag, dass es sich dabei um das handelte, was ich als Ziel meiner Expedition erahnte – eine Vermutung, die mich ja schon bei der denkwürdigen Begegnung mit John berührt hatte. Was immer es aber auch sein mochte: Völlig neu war mir, dass die Bibel zusagte, dass man es sofort haben konnte, vielleicht heute schon, oder morgen.

Das hatte ich vorher noch nie gesehen – weder im Konfirmandenunterricht noch in den gelegentlichen Gottesdienstbesuchen noch bei meiner bisherigen Bibellektüre am Strand von La Jolla hier im sonnigen Kalifornien.

Eigentlich war es so einfach: Man brauchte nur zu lesen, was dort stand.

Aber ich hatte es nicht gesehen.

Und es hatte einer langen Kette von Ereignissen bedurft, angefangen von der Beschäftigung mit den Aussagen Krishnamurtis bis hin zu den Diskussionen mit Juan und Judith und den Widersprüchen, in die ich mich dabei verstrickt hatte, um diese seltsame Blindheit gleichsam mit einem logischen Paukenschlag zu heilen.

Die weiteren Schritte waren klar. Ich brauchte jetzt nur noch diese Aussage der Bibel zu überprüfen. Entweder ich würde dieses ewige Leben jetzt erfahren, und dann würde ich auch wissen, was damit gemeint war und ob das schon das Ziel meiner Expedition bedeutete, oder ich konnte und würde das Kapitel Bibel und Evangelium endgültig ad acta legen.

Am nächsten Tag konnte ich es kaum abwarten, bis ich meine sechs Stunden in der Sprachschule hinter mich gebracht hatte und nach der Rückkehr in mein Apartment und einem hastig eingenommenen Mittagessen mit der Bibel am Strand saß. Mir ging es jetzt vor allem um eines: die Vorbedingung zu diesem «Haben» des ewigen Lebens genauestens zu verstehen und dann in die Praxis umzusetzen.

Wie schon bemerkt, handelte es sich dabei offensichtlich nicht um langwierige Meditationspraktiken, sondern um etwas, was mit «Glauben an Jesus Christus» bezeichnet wurde. Obwohl ich noch nicht verstand, was damit gemeint war, erschien es mir im Vergleich zu dem Aufwand, den ich zur Erlangung des Endgültigen von den fernöstlichen Weisheitslehren kannte, doch etwas dürftig zu sein.

Waren es nicht gewaltige Anstrengungen, die erforderlich sein mussten, wollte man den Ursprung des Seins ergründen? Mir fiel ein, dass die christliche Religion eine ausgeprägte ethische Dimension hat. Vermutlich ging es eher um die Einhaltung eines riesigen Regelwerks von Geboten als um den viel zu einfachen Akt des Glaubens. War dieser

Satz, der mich am Abend vorher so fasziniert hatte, eventuell nur eine ganz vereinzelte Aussage, die im Kontext ganz anderer Sätze als Vorbedingung zu erbringender Leistungen zu verstehen war?

So begann meine erste systematische Analyse der Bibel: Ich las alle vier Evangelien durch mit dem einzigen Ziel, herauszubekommen, was exakt die Voraussetzung zum Empfang dieses ewigen Lebens war. Hätte ich auch die Briefe der Apostel hinzugezogen, wäre diese Aufgabe einfacher gewesen, aber damals stufte ich diese Bücher der Bibel sozusagen noch als Sekundärliteratur ein. Ich wollte zunächst nur die Texte gelten lassen, in denen Jesus selbst zu Wort kam.

Das Ergebnis war verblüffend. Einen unmittelbaren, direkten Zusammenhang zwischen der Erfahrung des ewigen Lebens und irgendwelchen Handlungen, Verhaltensweisen, Meditationspraktiken oder religiösen Ritualen gab es tatsächlich nicht. Es schien wirklich nur eine einzige Voraussetzung zu geben: den Akt des Glaubens.

Ich entdeckte, dass gute Taten oder viele Gebete eindeutig nicht die Bedeutung einer *Conditio sine qua non* für das ewige Leben haben. Gleichwohl sind sie gefordert, zumeist sogar in einer überhöhten, fast menschenunmöglichen Form, so dass mir noch einmal mehr deutlich wurde, dass es sich hierbei nicht um Vorbedingungen, sondern nur um Konsequenzen des angestrebten Zustandes handeln konnte.

So las ich etwa in der Bergpredigt, dass man seine Feinde lieben solle und – noch im gleichen Zusammenhang ein wenig später – dass man vollkommen sein solle wie Gott im Himmel. Das konnte unmöglich die Voraussetzung zur Erlangung des ewigen Lebens sein, denn das würde ja die banale Aufforderung beinhalten, die Vollkommenheit zu erlangen, indem man eben vollkommen wäre. Offenbar musste es sich hier um die Beschreibung einer noch zu erlangenden, ganz besonderen Befähigung von Menschen handeln, von denen Jesus am Anfang der Bergpredigt sagt: «Selig seid ihr ...»

Die Erkenntnis war unumstößlich: Der Betrachtung der Bibel in der neuen, direkten, von Interpretationen unverbrämten Sichtweise erschloss sich nur ein einziger Weg zur Erlangung des sogenannten ewigen Lebens: eine Art glaubende Hinwendung zu Jesus, was immer das bedeutete.

Und das war jetzt mein Problem: Was bedeutete dieser Glaube genau?

Bislang war ich konkrete Handlungsanweisungen gewohnt. In der Transzendentalen Meditation hatte ich gelernt, ein Mantra zu wiederholen. In dem Verfahren zur Erlangung hellseherischer Fähigkeiten erfolgte die Versenkung durch einfaches Rückwärtszählen, und bei Krishnamurti musste ich den unmittelbaren, bewertungsfreien, direkten Blick üben.

Jetzt stand ich vor der Frage, was konkret erforderlich war, um diesen Glauben zu praktizieren.

Tagelang suchte ich in der Bibel nach einer Handlungsanweisung für die korrekte Ausübung des Glaubensaktes.

Es gab keine.

Damals konnte ich noch nicht ahnen, dass dieses Fehlen einer Handlungsanweisung für mich gerade die entscheidende Hilfestellung sein sollte, um zu erfassen, was mit dem eigentlichen christlichen Glauben gemeint war. Denn nur auf diese Weise würde ich später begreifen können, dass es hier nicht um die Ausübung irgendwelcher Techniken ging, mittels derer man sich sozusagen als distanzierter Beobachter allmählich dem Endgültigen näherte, sondern um etwas völlig anderes: Es ging um das unmittelbare Einbringen des Ich.

Kapitel 10:
AM URSPRUNG

John hatte mir damals nahegelegt, einmal den Gottesdienst der Gemeinde, der er als Pastor vorstand, zu besuchen. Für mich war das Ganze nicht mehr als eine der vielen Stationen auf meiner Expedition, die ich aufsuchen musste. Auf alle Fälle wollte ich den Weg, den John mir gezeigt hatte und der durch die Gespräche mit Judith und Juan solch eine erstaunliche Vertiefung erfahren hatte, zumindest mit der gleichen Konsequenz beschritten haben, wie ich es im Falle des naturwissenschaftlichen Studiums und der fernöstlichen Lehren getan hatte – und wenn dazu auch der Besuch eines Gottesdienstes gehörte.

Eines war sicher: Wenn die Menschen dieser Gemeinde tatsächlich das gefunden hatten, was ich suchte, dann musste man es ihnen anmerken. Wie sich das darstellen würde, konnte ich mir allerdings nicht vorstellen.

Mit großer Skepsis machte ich mich also eines Sonntagmorgens zusammen mit Natascha auf den Weg.

Was wir dann erlebten, übertraf allerdings meine bisherigen Erfahrungen mit Gottesdiensten bei weitem. Das Kirchengebäude war eine große Wellblechscheune mit Raum für etwa fünfhundert Menschen, malerisch auf einer Anhöhe in einem der südlichen Stadtteile von San Diego gelegen, von der man einen großartigen Blick bis zum Meer und zur mexikanischen Grenze hatte.

Als wir gegen neun Uhr eintrafen, war die Scheune bereits bis auf den letzten Platz gefüllt. Alles stand und sang hingebungsvoll hymnenartige Lieder, deren Harmonie und Klarheit mich tief beeindruckten. Anscheinend wurde ohne ein Liederbuch und offenbar in freien Texten und auch in freien Melodien gesungen, die aber wunderbar miteinander harmonierten. Das Ganze erschien daher mehr wie ein melodisches, polyphones Brausen, das durch die Resonanzwirkung der Wellblechscheune auch weit außerhalb gehört werden konnte.

Nach etwa einer Stunde ebbte dieser Gesang ohne Vorankündigung ab, und John trat ans Pult. Erstaunt stellte ich fest, dass er keinen vorbereiteten Predigttext hatte, sondern ausschließlich Passagen aus seiner abgegriffenen Bibel als Ausgangspunkt für seine Predigt nutzte. Wie ich später erfuhr, bestand seine Predigtvorbereitung generell nur im intensiven Gebet, meist in der Nacht vor dem Gottesdienst.

An Einzelheiten dieser ersten Predigt erinnere ich mich nicht, aber eines war unmissverständlich zu erkennen: Sie war von einer tiefen inneren Freude getragen, die offenbar auch von den meisten Zuhörern geteilt wurde. Was hier gesagt wurde, war gut, war freundlich und strahlte den Charakter des Wahrhaftigen aus, das musste ich trotz aller anfänglichen Skepsis anerkennen.

Die Predigt währte etwa zwei Stunden, und nach einer weiteren vielstimmigen Hymne und einem Fürbittegebet war der Gottesdienst etwa gegen ein Uhr beendet.

Danach wurden Natascha und ich mit größter Freude von John begrüßt, und dabei kam ich auch ins Gespräch mit einigen anderen Gemeindemitgliedern, die ich gleich nach ihrer Methode des Glaubens befragte. Allerdings erntete ich nur Unverständnis auf diese Frage. Ich solle nur glauben, eine Methode sei da gar nicht nötig. Offenbar schienen auch sie, wie Judith Feinman, der Meinung zu sein, dass ich das, was ich suchte, noch nicht gefunden hätte, sie es aber haben würden und ich es auch erlangen könnte. Ich müsste eben nur glauben.

Zufrieden war ich mit dieser Antwort nicht, aber auf alle Fälle entsprach dieser Gottesdienst in seiner Intensität und hingebungsvollen Freude den Mindestanforderungen meines Verständnisses davon, wie Menschen sich verhalten müssten, die vorgaben, tatsächlich das Endgültige gefunden zu haben, auch wenn das Ganze mir natürlich auch sehr fremdartig vorkam. Jedenfalls hinderte mich durch die Erfahrung dieses Gottesdienstes nichts daran, den vor mir liegenden Weg weiter zu beschreiten.

Ich wollte meine Suche nach der Bedeutung des Glaubens fortsetzen.

Durchblick

In dieser Zeit hatte ich einen Traum folgenden Inhaltes: Ich befand mich in einem rundum verschlossenen Raum und suchte verzweifelt nach dem Ausgang zu einem anderen Raum, in den ich aus irgendwelchen Gründen unbedingt gelangen wollte. Immer wieder untersuchte ich die seltsamen Strukturen an den Wänden, ob sie nicht in Wirklichkeit Klinken zu irgendwelchen geheimen Türen waren, die mir den Weg freigeben würden – vergebens. Bis ich mit einem Male erkannte, dass ich mich bereits in dem Raum befand, in den ich gelangen wollte. Von diesem Moment an konnte ich die Suche nach den Türen ein für alle Mal aufgeben.

Ich hatte es mir zur Gewohnheit gemacht, jeden Nachmittag einen langen Spaziergang durch eine der palmenumsäumten Prachtstraßen La Jollas zu machen. Selten habe ich eine derartig schöne Architektur und Vegetation gesehen. Die Villen waren meist im geschmackvollen spanischen Stil erbaut und lagen versteckt hinter üppigen Gärten, in denen die exotischsten Pflanzen gediehen.

Es war Sommer, und ein wunderbarer, schwerer Blütenduft hing in der warmen Luft. Kaum ein Mensch oder ein Auto störten die paradiesische Ruhe. Ab und zu nur, wie um diese Ruhe noch zu akzentuieren, erklang der Schrei einer einsamen Möwe, die vom nahe gelegenen Strand im Gleitflug herüberkam. Und während ich durch diese traumhafte Umgebung schlenderte, beschäftigte mich unablässig nur ein Thema: Was ist mit dem Glauben gemeint, von dem Jesus sagte, dass er die Voraussetzung dafür sei, das sogenannte ewige Leben unmittelbar zu erlangen?

Fast unmerklich verschob sich dabei die Suche nach einer quasi methodischen Handlungsanweisung für den Glauben, nach der ich in der Bibel bislang vergeblich gefahndet hatte, zu einer Betrachtung der Menschen, von denen ich annahm, dass sie Christen waren. Davon gab es in meiner Erinnerung allerdings nicht viele.

Mein Vater, der ein durch und durch aufrichtiger Mensch war, hatte mir einmal gesagt, dass Jesus sein bester Freund sei. Jetzt vermeinte ich zu begreifen, dass diese Aussage möglicherweise eine größere Glaubwürdigkeit und tiefere Bedeutung hatte, als es für mich zunächst den Anschein gehabt hatte.

Dann erinnerte ich mich an die Krankenschwestern des katholischen Krankenhauses in meiner Heimatstadt Swakopmund in Namibia. Halb unbewusst spürte ich, dass diese lieben, aufopferungsvollen und trotz ihres schweren Dienstes immer fröhlichen Menschen, die jeden Morgen zu einer unglaublich frühen Zeit in der nahe gelegenen Kirche ihre Morgenandacht hielten, möglicherweise in ihrem Leben von dem getragen wurden, nach dem ich suchte.

Zusätzlich zu meinen Analysen, ob die Bibel nicht doch irgendwo Hinweise auf den Prozess des Glaubens enthielt, begann ich nun zu beten, dass ich den Glauben dieser Menschen, den Glauben meines Vaters und den der katholischen Krankenschwestern, bekommen möge.

Und eines Tages, auf einem dieser ausgedehnten, gedankenverlorenen Spaziergänge, geschah es.

Die Frage, was denn der Inhalt des Glaubens sei und was ich tun müsse, um diesen Glauben zu erlangen oder zu praktizieren, wich urplötzlich einer überraschenden Erkenntnis.

Bedeutete die Tatsache, dass ich mich derart ausgiebig mit dieser Frage beschäftigte, nicht, dass ich in Wirklichkeit schon an Jesus glaubte? Denn sonst würde ich ja nicht so intensiv nach einer Antwort suchen!

In diesem Augenblick machte ich die alles entscheidende Entdeckung, dass es hier im Unterschied zu allen anderen Wegen, die ich bislang beschritten hatte, nicht um eine Methode ging, sondern um eine innere Einstellung. Und tief innerlich, mit der Gewissheit, dass dies die Wahrheit war, sozusagen dokumentiert durch die Tatsache meines unablässigen Suchens, spürte ich, dass ich diese Einstellung zumindest in rudimentärer Form bereits hatte!

Erstmals in meinem Leben erschloss sich mir in diesem denkwürdigen Moment, wenn auch nur in ersten Ansätzen, das eigentliche Wesen des Glaubens an Jesus Christus.

Dabei handelte es sich in erster Linie beileibe nicht um ein verstandesmäßiges Fürwahrhalten von Inhalten wie etwa der Art der Geburt Jesu, den Wundern, die er tat, oder allen anderen Geschichten, die sich um sein Leben rankten, sondern um etwas ganz anderes. Es bedeutete, dass ich mich demjenigen ganzheitlich anvertraute, der das Woher und Wohin und den Sinn meines Lebens kannte.

Es war, wie wenn man ein Flugzeug besteigt. In dem Moment, wo man Platz genommen und sich zum Start angeschnallt hat, hat man sein ganzes Leben dem Können des Piloten anvertraut. Man weiß nicht genau, was er da vorne in der Pilotenkanzel alles macht, aber man glaubt, dass er einen sicher ans Ziel bringen wird. Erst nachdem man sich dem Piloten und seinen Möglichkeiten anvertraut hat, kommt man zu der realen Erfahrung des Fliegens.

So ähnlich ging es mir an diesem sonnendurchfluteten Nachmittag auf der Prachtstraße in dem wunderschönen La Jolla: Ich wusste fast nichts von diesem Jesus Christus, aber ich spürte, dass ich ihm das Woher und Wohin meines Lebens, die Frage nach dem Sinn und nach der Erfüllung dieses Sinnes bereits zu einem guten Stück anvertraut hatte. Als ich dies feststellte, setzte fast gleichzeitig eine eigentümliche Gewissheit ein, dass diese Einstellung richtig und gut war. Und dass sie auf mir noch unerklärliche Weise mit absoluter Wahrheit zu tun hatte.

Ich erinnerte mich an das Gespräch mit John und das Gebet, das ich ihm nachgesprochen hatte. Zumindest mündlich hatte ich mein Leben diesem Jesus schon einmal anvertraut. Danach hatte ich auch das deutliche Gefühl gehabt, etwas Richtiges getan zu haben. Dieses Gefühl war jetzt tiefer und stärker und war zu einer klaren Gewissheit geworden. Das mochte wohl auch damit zusammenhängen, dass das damalige Lippenbekenntnis mittlerweile in meinem Unterbewusstsein quasi unbemerkt zu einer inneren Einstellung geworden war.

Der Unterschied zu meinen bisherigen vergeblichen Versuchen, ans Ziel meiner Expedition zu gelangen, konnte nicht größer sein. Während ich erwartet hatte, durch die «Methode» des Physikstudiums schließlich den Ursprung und Sinn des Daseins rational erfassen zu können oder durch Meditationspraktiken das Sein in einer gewaltigen Erleuchtung in Form ei-

Kapitel 10: AM URSPRUNG

ner überwältigenden geistigen Schau zu erfahren, ging es hier darum, die Frage nach dem Endgültigen einer Person anzuvertrauen. An die Stelle eines Weges, den man selbst mittels geistiger Anstrengungen oder verfeinerter Bewusstseinsprozesse gehen musste, trat hier ein Weg, von dem eine Person sagte: «Ich bin dieser Weg.»

Das Eigentümliche war die unverkennbare Empfindung der Wahrheit oder Wahrhaftigkeit, die ich fast unmittelbar gehabt hatte, als ich mich diesem Jesus anvertraut hatte. Diese Empfindung bewirkte so etwas wie ein «Einrasten»: Ich wusste, dass ich diese Glaubenshaltung, nach der ich so lange gesucht hatte und die sich plötzlich auf so einfache Weise eingestellt hatte, nie wieder verlieren würde.

Bald sollte ich feststellen, dass diese Erfahrung die zentrale Quelle des Lebens eines Christen ausmacht und dass ohne sie das eigentliche Leben eines Christen noch nicht einmal begonnen hat.

Offenbar hatte ich tatsächlich gefunden, was die Bibel als Glauben bezeichnet.

Im Sinne dieser Entdeckung betete ich erneut und bewusst das Gebet, das ich damals mit John gebetet hatte: «Herr Jesus Christus, ich komme jetzt zu dir. Ich bekenne, dass ich ein Sünder bin. Ich bitte dich um Vergebung aller meiner Schuld. Sei von nun an der Herr meines Lebens. Danke, dass du mich erhört hast. Amen.»

Auch diesmal war es für mich kein Problem, meine Schuld einzugestehen und um Vergebung zu bitten. Zum einen stand mir immer noch die Beziehungskrise mit Natascha vor Augen, an der ich nicht ganz schuldlos gewesen war. Zum anderen ahnte ich schon ansatzweise, dass es sich hier um etwas weit Tieferes handeln musste als um eine Bereinigung des Ungemachs, das von mir ausgegangen war. Es musste etwas mit der unermesslichen Qualität des Urhebers dieses gewaltigen Weltalls zu tun haben, dem ich mich hier möglicherweise tatsächlich auf eine mir noch nicht begreifliche Weise näherte.

Die tiefe innerliche Freude, mit diesem Gebet etwas wirklich Richtiges getan zu haben, die ich schon damals bei John empfunden hatte, stellte sich nun in ganz neuer, viel stärkerer Weise wieder ein.

In der Zwischenzeit hatte ich den Strand erreicht, und irgendwie schien die Klarheit und Frische der Strandluft und das Weiß der schäumenden Brandung, die sich jetzt vor mir auftat, ein Spiegelbild meiner inneren Verfassung zu sein.

Ich fühlte mich nicht nur befreit, ich wusste, ich war frei!

In meinem Apartment angekommen, nahm ich mir sofort die Bibel vor. Jetzt erschienen die Sätze plötzlich in einer neuen Klarheit:

Ich bin der Weg und die Wahrheit und das Leben.
Wen da dürstet, der komme zu mir.
Wer zu mir kommt, den werde ich nicht hinausstoßen.
Wer zu mir kommt, den wird nicht hungern;
und wer an mich glaubt,
den wird nimmermehr dürsten.

Dieses «Kommen» und «Glauben», von dem hier die Rede war, war vor knapp einer Stunde meine persönliche Erfahrung geworden. Und der, dem ich mich mitsamt meinen Fragen nach Sinn und Ziel des Lebens anvertrauen sollte, behauptete von sich, in vollkommener Einheit mit dem Urheber allen Seins zu handeln und zu reden und in diesem Sinne sein Sohn, sein exaktes menschliches Spiegelbild zu sein.

Auch hinsichtlich dieser Aussage stellte sich wieder die eigentümliche Gewissheit ein, dass es sich hier um die Wahrheit handelte. Gerade das bewirkte in mir auch die Zuversicht, in diesem Sich-Anvertrauen tatsächlich den Zugang zum Endgültigen gefunden zu haben.

Schwach, aber unmissverständlich, dort, wo man Wahrheit empfindet, entstand zum ersten Mal in meinem Leben der Gedanke, dass mein Dasein in eine Geborgenheit von endgültiger Dimension eingetaucht war, in eine von höchster Warte garantierte Sicherheit in diesem Leben und in allem, was darüber hinausgehen mochte. Ich hatte zwar keine Beschreibung meines Lebenssinns bekommen, dafür aber die Zusage, dass mein Leben Sinn hat, unabhängig von allen veränderlichen Umständen.

Im Bewusstsein dieser völligen Unabhängigkeit, einer Unabhängigkeit von der Veränderlichkeit des Daseins bis hin zum Tod, stellte sich erstmals, wenn auch zunächst kaum spürbar, eine unantastbare Gewissheit einer alles überdauernden Unversehrbarkeit und Unveränderbarkeit des eigentlichen Wesens meines Lebens in diesem unbegreiflichen Universum ein.

Der für mich so entscheidende Satz: «Wer an mich glaubt, hat ewiges Leben», hatte zu leuchten begonnen.

Gewissheit

Eine Zeitlang befand ich mich noch im halb skeptischen experimentellen Stadium. Ich musste die neue Erfahrung noch prüfen und verarbeiten. Zu oft war ich enttäuscht worden. Ich begann, um Erkenntnis zu beten, und las verstärkt in der Bibel. Unbewusst tat ich damit genau das Richtige.

Was ich damals noch nicht wissen konnte, war, dass die Aussagen der Bibel gewissermaßen eine Tiefenwirkung haben. Auch ohne dass man inhaltlich sofort alles versteht, wird man immer wieder, vielleicht auch im Unterbewussten, mit der

Wahrhaftigkeit des Gelesenen konfrontiert, in der eine Kraft verborgen zu sein scheint, die es einem immer leichter werden lässt, sich Gott anzuvertrauen. Je genauer man hinschaut, desto weniger wahrscheinlich wird, dass man es bei Jesus mit einem Scharlatan zu tun hat, und desto sicherer wird das Empfinden, dass man hier tatsächlich auf das Endgültige gestoßen ist.

Etwa zwei Wochen nach diesem wohl entscheidensten Spaziergang meines Lebens stand ich an einer Tankstelle neben meinem treuen alten Secondhand-Volkswagen und wartete darauf, dass das Schnappen des Tankstutzens mir signalisierte, dass der Tank wieder voll war.

Während ich so gedankenverloren da stand, vertiefte sich urplötzlich massiv jene Gewissheit, die ich bislang nur eher ansatzweise empfunden und mir jeweils auch nur vorsichtig eingestanden hatte: Ich hatte tatsächlich gefunden, was ich gesucht hatte.

Noch konnte ich es kaum fassen.

Aber dann überkam mich eine vollkommene, tiefe, reine Freude. Obwohl mir ihre Ursache noch zum großen Teil unbekannt war und die Details dessen, was ich da gefunden hatte, mir noch weitestgehend verborgen waren – ich wusste: Meine Suche war zu Ende.

Jesus Christus saß am Steuer meines Lebens.

Der Tankstutzen schnappte, aber ich reagierte nicht. Ich stand nur da und genoss diesen Moment an diesem sonnigen Nachmittag an dieser Tankstelle an dieser Straße in La Jolla, diesem wunderschönen Vorort von San Diego in Kalifornien.

Ein Moment, den ich nie vergessen werde.

Noch vor wenigen Wochen hatte ich nicht im Entferntesten daran gedacht, dass meine Expedition ausgerechnet im Christentum ihr Ziel und Ende finden könnte. Überall hatte ich es erwartet, in den Naturwissenschaften, in bewusstseinsfokussierenden Mitteln und Meditationstechniken, in den scharfsinnigen fernöstlichen Weisheitslehren oder in den verzwickten bewertungslosen Betrachtungstechniken eines Krishnamurti, nur nicht im Christentum.

Wie schon erwähnt, hatte ich diese Religion in den gelegentlichen Kirchgängen zu Weihnachten und Ostern und im Konfirmandenunterricht von einer Seite kennen gelernt, die sie von vornherein als mögliches Ziel meiner Reise ausschloss.

Die Liturgien, die oft dünnen Gesänge mit altertümlichen Texten, die häufig intellektuell-problematisierenden Einleitungen der Predigten mit anschließenden meist nebligen und uneindeutigen Auflösungen der eingangs vorgestellten Schwierigkeiten in der Interpretation des vorgeschriebenen Bibeltextes und die nicht weniger häufige Betonung der Mühsal des Lebens als Christ hatten aus meiner Sicht nichts mit meiner Suche nach dem tieferen Sinn dieses rätselhaften Daseins oder einer Bestätigung meiner Hypothese zu tun, dass man diesen Sinn auch tatsächlich finden könnte. Umso überraschter, ja geradezu verblüfft war ich jetzt von dem, was sich mir hier auftat.

Ich war offenbar ein Christ geworden! Niemals hätte ich damit gerechnet!

Aber wie gesagt, es handelte sich hier um ein ganz anderes Christsein als das, was ich bislang kennen gelernt hatte.

Zur Unterscheidung von einem sich nur aus christlicher Ethik oder Tradition definierenden Christen – nichts lag mir ferner – müsste man hier eher von einem erkennenden oder wahrnehmenden Christen oder vielleicht von einem innerlich neugeborenen Menschen sprechen.

Später lernte ich, dass man im deutschen Sprachgebrauch häufig den Begriff «gläubiger Christ» verwendet. Aber diese Bezeichnung ist nicht ganz zutreffend, denn ein bloßes Fürwahrhalten reicht noch nicht aus. Man muss vom Glauben zum Erkennen durchdringen, um dieses Christenleben zu erfahren. Außerdem wird dieser Begriff oft mit einem Christentum assoziiert, das sich lediglich in regelmäßigem Kirchgang, Einhaltung der Feiertage und anderen Äußerlichkeiten manifestiert.

In Ermangelung eines besseren Begriffs sollte man vielleicht die Bezeichnung «bewusster Christ» verwenden, obwohl damit der Nagel auch noch nicht auf den Kopf getroffen ist. Letztlich handelt es sich tatsächlich um ein Christsein, wie es im wahrsten Sinne des Wortes im Buche steht – nämlich im Buch der Bibel, etwa in der sogenannten Apostelgeschichte oder den Briefen des Paulus.

Übrigens sollte ich später viele Gemeinden der deutschen Landeskirchen kennen lernen, auf die mein Urteil, keinerlei Wegweisung geben zu können, in keiner Weise zutraf. Aber zum damaligen Zeitpunkt hätte der Unterschied zwischen meiner bisherigen Erfahrung mit dem Christentum und meiner gerade gewonnenen neuen Erkenntnis nicht größer sein können.

Dort ein Dasein im Rahmen eines überlieferten, weitgehend abgestorbenen und schematisch durchgehaltenen Regelwerkes, hier das existenzielle Einbringen des gesamten eigenen Lebens auf das Wort einer Person hin, die mit einer seltsamen Strahlkraft an Glaubwürdigkeit, Güte und Wahrheit aus einer zeitlosen Dimension herüberzuleuchten schien. Das fundamentale und ganz entscheidende Ergebnis war, dass dieses Einbringen der eigenen Existenz fast unmittelbar mit der bereits erwähnten Gewissheit beantwortet wurde, etwas grundlegend Richtiges getan zu haben.

Einen eher unbewussten, kleinen Schimmer dieser freudigen Gewissheit hatte ich bereits auf dem besagten Spaziergang und vielleicht auch in der Zeit danach erlebt, aber voll bewusst setzte diese Erfahrung zum ersten Mal an dieser Tankstelle ein.

Sie sollte noch zu einer stetigen, tiefgründigen Befindlichkeit werden, der sich immer mehr die Wahrheit der Aussage Jesu erschließen sollte:

«Wer aber von dem Wasser trinkt, das ich ihm gebe, den wird in Ewigkeit nicht dürsten, sondern das Wasser, das ich ihm geben werde, das wird in ihm eine Quelle des Wassers werden, das in das ewige Leben quillt.»[6]

Soweit ich mich erinnern kann, war John der Erste, dem ich von meinem «Durchbruch» berichtete. Er lachte nur auf seine unnachahmliche Art, in der sich immer wieder seine Freude über das Handeln Gottes entlud.

«Wer dieses Gebet, das du damals gesprochen hast, mit innerlicher, wenn auch zunächst zaghafter Zustimmung betet, für den hat das Leben mit Jesus bereits begonnen, und früher oder später wird es sich konkret manifestieren. ‹Wer zu mir kommt, den werde ich nicht hinausstoßen›, sagt Jesus. Das ist der Zugang, und zwar der einzige Zugang. Dabei ist es gleich, ob Menschen etwa in gläubigen Familien aufwachsen und erst allmählich dazu kommen, dieses Gebet innerlich zu bejahen, oder ob es ganz plötzlich passiert wie bei dir. Die Bitte um Vergebung der Sünden und die Übergabe des Lebens an Jesus ist der Zugang. Es gibt keinen anderen.»

Es sollte noch einige Monate dauern, bis ich die zwingende Logik hinter dieser Feststellung und auch den damit eng verbundenen, zunächst ärgerlich anmutenden Alleinvertretungsanspruch des Christentums endgültig begreifen konnte.

Inzwischen war auch Judith, die sich nach unserem letzten Gespräch nicht mehr hatte blicken lassen, wieder zum Unterricht erschienen. Als ich ihr berichtete, dass sie nun nicht mehr sagen könne, ich suche etwas, was sie habe, aber hätte es selbst noch nicht, wurde sie fast ungehalten:

«Warum hast du mir das nicht schon früher gesagt? Nach unserer letzten Diskussion war ich ganz verzweifelt und hatte es aufgegeben, damit zu rechnen, dass du den Weg irgendwann finden würdest. So lange hättest du mich mit dieser freudigen Nachricht nicht warten lassen dürfen!»

Aber dieser Ärger war nur gespielt. Ihr standen die Freudentränen in den Augen. Nur wenige Worte hatten ihr gezeigt, dass ich tatsächlich gefunden hatte. Dies war übrigens ein Phänomen, das mich später immer wieder verwundern sollte: Man erkennt jemanden, der erkannt hat. Das geschieht nicht nur in der unmittelbaren Begegnung mit Personen, sondern auch beim Lesen ihrer Aufzeichnungen.

Ein gutes Beispiel hierfür war für mich als Student der theoretischen Physik natürlich das «Mémorial», eine Notiz des berühmten französischen Mathematikers Blaise Pascal – ein Fetzen Papier, den er sich in seine Jacke eingenäht hatte, auf dem stand:

«Seit ungefähr halb elf Uhr abends bis ungefähr eine halbe Stunde nach Mitternacht: Feuer! Der Gott Abrahams, der Gott Isaaks und der Gott Jakobs – nicht der Philosophen und der Gelehrten. Gewissheit, Gewissheit. Empfinden: Freude, Frieden. Der Gott Jesu Christi. […] Vergessen der Welt und aller Dinge, nur Gottes nicht. […] Freude, Freude, Freude. Tränen der Freude.»

Als ich viele Monate später diese Aufzeichnung las, erkannte ich sofort, dass diese Erfahrung aus dem Jahre 1654 in Paris mit meinem «Aha-Erlebnis» auf dem Spaziergang im Jahre 1970 in La Jolla übereinstimmte. Vor mehr als dreihundert Jahren war auch jemand an diesen so unerwarteten Punkt gekommen, wo an die Stelle des vom Verstand geleiteten oder wie auch immer gearteten eigenen Bemühens etwas ganz anderes getreten war: eine Begegnung mit einer Person.

Und diese Feststellung, dass andere Leute die gleiche Erfahrung gemacht hatten, sollte sich im Laufe der Zeit noch häufig wiederholen, wie etwa beim Studium des Lebens eines

Martin Luther, eines Johann Sebastian Bach, eines Martin Luther King, des Astronauten James Irvin nach seiner Rückkehr vom Mond oder in der Begegnung mit einer Unzahl von Menschen aus allen Ländern, Ethnien und Berufen – eine unübersehbare Schar von Menschen, deren innerstes Wesen von der gleichen Erfahrung und Gewissheit geprägt und bestimmt war und mit denen ich mich plötzlich auf tiefste innere Weise verbunden fühlte.

Einer abschließenden systematischen Betrachtung vorgreifend, sei an dieser Stelle bereits bemerkt, dass vom Standpunkt eines Naturwissenschaftlers gerade dieser Einheitlichkeit der Erfahrung eine besondere Bedeutung zukommt, ist doch das unabdingbare Kriterium der Objektivität aller naturwissenschaftlicher Untersuchungen, dass man Erfahrungen oder Beobachtungen immer wieder nachvollziehen kann.

Ähnlich beeindruckend wie diese Einheitlichkeit war und ist für mich auch der bereits erwähnte eindeutige Charakter dieser Erfahrung. Entweder man hat sie gemacht oder nicht. Und wenn man sie gemacht hat, weiß man, dass man sie gemacht hat.

Bis zu diesem Spaziergang hatte ich sie nicht gemacht. Danach hatte ich sie gemacht.

Kapitel 11:
DER SCHATZ

Ich wusste nun mit innerer Evidenz, dass ich am Ende meiner Expedition angekommen war, dass ich nicht mehr weiter suchen musste, dass ich gefunden hatte.

Aber: Was hatte ich da eigentlich gefunden?

Insgeheim hatte ich während meiner Suche immer gehofft, dass sich mir der Ursprung allen Seins eines Tages in einem immensen Erleuchtungserlebnis mit gewaltigen Visionen der Tiefen des Kosmos erschließen würde. Solch ein Erlebnis sollte mir insbesondere alle Fragen naturwissenschaftlicher Art beantworten, aber natürlich auch Sinn und Ziel des Ganzen und insbesondere auch die Antworten auf die Fragen nach Schmerz und Leid in restloser Klarheit offenbaren.

Was ich jetzt hatte, war etwas ganz anderes. Es war diese schon erwähnte innere unmissverständliche, wenn auch anfangs nur schwach wahrnehmbare Gewissheit, dass eine Art Begegnung mit dem Urheber von allem, mit der höchsten Instanz, begonnen hatte. Und zwar äußerte sich das zunächst im Wesentlichen darin, dass ich mich irgendwie beschenkt fühlte. Denn auf meine Bitte um Vergebung der Sünden hatte sich erst unmerklich und später immer deutlicher wie eine direkte Antwort ein tiefer Friede eingestellt, als ob eine Barriere zwischen mir und diesem Gegenüber weggeräumt und nun eine Verbindung geschaffen worden wäre.

Viel mehr als das war es zunächst nicht, und im Vergleich zu meinen ursprünglichen Erwartungen war ich anfangs sogar fast ein wenig enttäuscht. Aber bei genauerer Betrachtung entpuppte es sich als etwas geradezu Ungeheuerliches, und immer häufiger gab es jetzt diese Momente, wie ich sie an der Tankstelle erlebt hatte.

Dann schwoll die zunächst noch vage Ahnung zu einer festen Gewissheit an, dass ich tatsächlich, tatsächlich hier von allerhöchster Instanz, vom Schöpfer dieses unfassbaren Weltalls und dem Herrn über Leben und Tod, die Zusage bekommen hatte, die mir schon als Konfirmandenspruch mitgegeben worden war: «Und nun spricht der HERR, der dich geschaffen hat, Jakob, und dich gemacht hat, Israel: Fürchte dich nicht, denn ich habe dich erlöst; ich habe dich bei deinem Namen gerufen; du bist mein!»[7]

Da mir diese Gewissheit immer wieder ins Bewusstsein drang, es hier tatsächlich mit niemand anderem als dem Schöpfer des Weltalls zu tun zu haben, der sich noch dazu mit einem eindeutig spürbaren Ja zu meinem Leben stellte, konnte ich manchmal in einen überschwänglichen Freudenzustand verfallen. Später gewöhnte ich mich etwas daran, und diese spontanen Gefühlsausbrüche sollten in eine Grundstimmung einer ruhiger strömenden, kontinuierlichen Freude kanalisiert werden.

Doch damals war alles noch zu neu, als dass ich damit an mich hätte halten können. Meinen Schülern und anderen, mit denen ich ins Gespräch kam, konnte ich aus tiefster Überzeugung sagen: «Wenn jetzt in diesem Moment dieses Dach über mir zusammenbräche, würde es mir überhaupt nichts ausmachen. Ich bin für alle Ewigkeit geborgen!»

Auch wenn einige meiner Zuhörer von solchen Aussagen sichtlich überfordert waren, machte mir das nichts aus – entsprachen sie doch ziemlich genau meiner Befindlichkeit. Es

Kapitel 11: DER SCHATZ

waren Lasten von mir gefallen. Vorher hatte ich mich wie ein Trapezkünstler im Zirkus gefühlt, der ohne Auffangnetz seine waghalsigen Übungen vollführte. Von nun an lebte ich mit der Sicherheit des Netzes. Ich war frei.

In der Bibel stieß ich auf das Wort Jesu: «Wenn ihr bleiben werdet an meinem Wort, so seid ihr wahrhaftig meine Jünger und werdet die Wahrheit erkennen, und die Wahrheit wird euch frei machen.»[8]

Damals, und seitdem immer wieder, hat sich mir dieses Wort fortwährend weiter entschlüsselt. Die zunächst so unverständlich anmutenden Aussagen der Bibel und insbesondere der Evangelien erwiesen sich bei zunehmender Beschäftigung mit ihnen als wahre Fundgruben tieferer Bedeutung, wobei alles letztlich immer wieder auf das Geschenk hinauszulaufen schien, von höchster Instanz angenommen zu sein und darin eine endgültige Geborgenheit zu erfahren.

Aber in dem erwähnten Bibelwort lag noch eine weitere Erkenntnis: Dass ich gefunden hatte, war ein einmaliges, endgültiges Ereignis, aber das, was gefunden war, sollte sich erst nach und nach erschließen. Ich sollte mich kontinuierlich mit dem Wort Jesu beschäftigen, um immer weiter in der Erkenntnis der Wahrheit zu wachsen. Es war, als ob man auf einen Schatz gestoßen war, den es nun noch auszugraben galt. In der Bibel heißt es auch tatsächlich:

«Das Himmelreich gleicht einem Schatz, verborgen im Acker, den ein Mensch fand und verbarg; und in seiner Freude geht er hin und verkauft alles, was er hat, und kauft den Acker.»[9]

Jetzt verstand ich den Satz. Alles, was ich vorher an Methoden ausprobiert hatte, um an den Ursprung zu gelangen, hatte ich weggegeben. Und den Acker mit diesem einen Schatz hatte ich gekauft. Aber noch war der größte Teil des Schatzes verborgen. Jetzt musste ich ihn zutage fördern. Damit begann das eigentliche Abenteuer meines Lebens.

Geier über dem Fundort

Eine der ersten sichtbaren Auswirkungen meiner Erfahrung war, dass ich die zwei Meter esoterische Literatur, die ich mir im Laufe der Zeit zugelegt hatte, wieder in denselben weihrauchgeschwängerten Laden zurückbrachte, in dem ich sie erstanden hatte. Bevor ich ihn mit einem ansehnlichen Erlös in der Tasche wieder verließ, wollte ich aber doch noch nachschauen, ob es nicht vielleicht auch Sekundärliteratur zur Bibel gab. Und in der Tat: Ich fand ein voluminöses Werk, dessen Titel ich mittlerweile wieder vergessen habe. Hocherfreut eilte ich mit meiner neuen Errungenschaft nach Hause und begann zu lesen.

Das Ergebnis war erschreckend.

Noch heute bin ich erbost darüber, was mir da in die Hände gefallen ist. Es handelte sich hier um das Werk von Autoren, die fast auf jeder Seite in wissenschaftlich verbrämter Sprache darzulegen versuchten, dass die Aussagen der Bibel nur heidnische Kulte reflektierten, stark verfälscht überliefert, falsch übersetzt oder mit ganz bestimmten Absichten im Nachhinein erfunden worden waren.

So sollte vieles von dem, was Jesus gesagt hatte, in Wirklichkeit gar nicht von Jesus stammen, sondern ihm nachträglich in den Mund gelegt worden sein, etwa um die urchristliche Gemeinde bei der Stange zu halten oder um gewisse theologische Dogmen zu untermauern. Das hieß im Klartext, dass die Bibel eine Ansammlung verfälschter oder erfundener Geschichten war, deren Wahrheitsgehalt folglich höchstens dem von Mythen und erdichteten Fabeln entsprach.

Es war nicht einfach für mich, der ich die Bibel erst vor einigen Monaten kennen gelernt hatte, dieses im Gewand der hohen Gelehrsamkeit daherkommende Werk richtig einzuschätzen, zumal die Autoren nicht etwa irgendeiner anderen Religion angehörten, die dem Christentum die Stirn bieten wollte, sondern christliche Theologen waren.

Ich war noch zu jung in meinem Glauben, als dass ich nicht zunächst zutiefst verunsichert gewesen wäre. Zumindest zeitweilig verlor ich die neu gewonnene Gewissheit und Freude.

Aber dann wurde selbst für mich als theologischen Laien offensichtlich, in welch merkwürdigem Widerspruch diese Unterstellungen, dass die biblischen Aussagen bewusst erfunden worden waren, mit den Inhalten derselben standen, bei denen es doch vor allem immer wieder um Wahrheit ging. Es war kaum einzusehen, dass Menschen, die sich im höchsten Maße dem Ideal der Wahrhaftigkeit verschrieben hatten und hierfür sogar ihr Leben riskierten, etwa die Evangelien im eklatanten, bewussten Gegensatz zu diesem Ideal niedergeschrieben und höchst akribisch alle möglichen Details frei erfunden hatten, um die unterstellten Absichten beim Leser zu erreichen.

Es war ein mühsames Stück gedanklicher Arbeit, dieses zu erkennen, aber allmählich schwand meine Verunsicherung.

Jetzt fiel mir auch auf, wie viele Stellen es in den Evangelien gab, in denen von den Auseinandersetzungen Jesu mit den Schriftgelehrten seiner Zeit berichtet wird, und ich erkannte die offensichtlichen Parallelen. Offenbar war diese spezielle Gilde der Schriftgelehrten bis heute noch nicht ausgestorben. «Ihr sucht in den Schriften, denn ihr meint, ihr habt das ewige Leben darin; und sie sind's, die von mir zeugen; aber ihr wollt nicht zu mir kommen, dass ihr das Leben hättet.»[10] Und an anderer Stelle: «Weh euch, Schriftgelehrte und Pharisäer, ihr Heuchler, die ihr das Himmelreich zuschließt vor den Menschen! Ihr geht nicht hinein, und die hineinwollen, lasst ihr nicht hineingehen.»[11]

Einen derartigen Versuch moderner Schriftgelehrter, das Himmelreich sozusagen vor mir zuzuschließen, hatte ich offenbar gerade überstanden.

So schmerzlich und verunsichernd diese Erfahrung zunächst auch war, machte sie mir doch wieder bewusst, wie stark derjenige in die Irre geführt werden kann, der (so wie ich damals) die biblischen Aussagen durch die Brille seiner eigenen Interpretation oder Unterstellung betrachtet, anstatt sie im Kern für bare Münze zu nehmen.

Hier begegnete mir wieder der gleiche Irrtum, durch den ich mich nun mehrere Jahre hatte hindurchkämpfen müssen: Er bestand in der Tendenz, schon an einer Stelle stehen zu bleiben, die zwar den Anschein des Endgültigen hatte, aber nicht das Eigentliche war. Wieder wurde ich an die eindringlichen Vorträge Krishnamurtis erinnert, der immer wieder betont hatte, dass sich das unbekannte Eigentliche und Unermessliche nur dem erschließt, der – das Bekannte hinter sich lassend – den von allen bisherigen Vorstellungen befreiten Blick riskiert.

Glaube und Erfahrung

Ohne dass ich es beabsichtigt hatte, war ich tiefer in das Wesen des Glaubens eingedrungen, indem ich mich mit der Problematik dieses theologischen Buches beschäftigt hatte. Denn offenbar hat der Glaube, um den es in der Bibel geht, in der Tat etwas von diesem bewertungsfreien Blick an sich, der es einem ermöglicht, das Bewusstsein auf etwas zu richten, das bislang sozusagen undenkbar oder unmöglich erschien, und sich diesem Neuen ganzheitlich anzuvertrauen.

Seinem eigentlichen Wesen nach ist der so verstandene Glaube eher ein Auslöser für neue Erfahrungen als das blinddümmliche Fürwahrhalten, für das er im Allgemeinen gehalten wird. Bei genauer Betrachtung geht praktisch jeglichem Vordringen in neues Land ein gewisser Glaube daran voraus, dass das, was bislang noch nicht der Erfahrung entspricht

Kapitel 11: DER SCHATZ

oder was man noch nicht gesehen hat oder sehen kann, Realität werden kann.

Ein Kolumbus glaubte an die Existenz von Land im Westen, sogar entgegen der Meinung vieler, und dieser Glaube transportierte ihn buchstäblich in die entsprechende Erfahrung hinein. Schliemann glaubte an die Existenz von Troja und fand es. Niemand hat jemals elektromagnetische Wellen gesehen, und doch hielt Marconi sie für so real, dass er einen Apparat zur drahtlosen Nachrichtenübertragung baute und als Erster die Erfahrung des bis dahin Undenkbaren machte.

Ganz offensichtlich waren sich ein Kolumbus, ein Schliemann oder ein Marconi zu Beginn ihrer Unternehmungen keineswegs sicher, dass sie Erfolg haben würden, denn es war ja völliges Neuland, das sie betreten wollten. Ihre bisherigen Erfahrungen lieferten keinerlei Hinweise darauf, dass ihr Unterfangen gelingen würde. Aber ihr Glaube wurde quasi zum geistigen Transportmittel, das sie über die Grenze des Bisherigen hinaus zu völlig neuen Erfahrungen brachte. Er ermöglichte ihnen, bewertungsfrei auf das bislang Undenkbare zu schauen und sich dementsprechend den potenziellen neuen Realitäten anzuvertrauen: Kolumbus segelte los, Schliemann fing an zu graben, und Marconi baute seinen Apparat. Von entscheidender Bedeutung war dabei, dass es nicht bei reinem Glauben blieb, sondern dass dieser in konkrete Erfahrungen mündete.

In vollkommener Analogie hierzu war es mir so ergangen, als ich meine eigenen, auf den bisherigen Erfahrungen beruhenden Interpretationen der biblischen Texte verlassen und mich gewissermaßen durch den Glauben auf die tatsächlichen Aussagen der Bibel eingelassen hatte. Ich vertraute mich gemäß den Inhalten dieser Aussagen der Obhut der zunächst unbekannten, aber als existent angenommenen Realität Jesu Christi an – und machte die gleichermaßen überraschende wie befreiende Erfahrung, dass diese Realität der Wahrheit entsprach.

Man kommt vom Glauben zum Erkennen. Jesus sagte: «Wer an meinem Wort bleibt, wird die Wahrheit erkennen.»[12]

Wie schon bemerkt, war dieses Erkennen im Sinne einer Wahrheitsempfindung für mich von entscheidender Bedeutung. Später wurde mir bestätigt, dass ohne dieses Erkennen das Christsein noch gar nicht begonnen hat.

Die Analogie zum Sehen ist dabei übrigens durchaus naheliegend. Erst mit dem Öffnen der Augen wird möglich, dass die Information über die Realität physischer Gegenstände denjenigen Teil des Bewusstseins erreicht, der für optische Sinneseindrücke zuständig ist. Entsprechend wird auch erst mit dem Öffnen der Augen des Glaubens möglich, dass Signale vom Ursprung allen Seins denjenigen Teil des Bewusstseins erreichen, der für die Wahrnehmung von Wahrheit zuständig ist.

Diese Analogie gilt allerdings meist nicht für die Geschwindigkeit der Informationsverarbeitung. Während die Erfassung optischer Sinneseindrücke fast gleichzeitig im Moment des Augenöffnens geschieht, bedarf es mitunter eines über Tage oder gar Monate währenden glaubenden Hinschauens, bis sich die Gewissheit der neuen geistlichen Realität einstellt.

Wie ich später erfahren sollte, gibt es hierzu allerdings auch beliebig viele Gegenbeispiele. Schon während einer einzigen Predigt kann es einem wie Schuppen von den Augen fallen. In gewisser Weise bestand auch meine erste Begegnung mit John in einer solchen schnellen Erfassung erster geistlicher Realitäten, auch wenn es sich dabei zunächst nur um die Spitze des Eisberges gehandelt hatte.

Der Schatz lebt!

Eine gewisse Schwierigkeit bereitete mir aber noch die These des mir in die Hände gefallenen theologischen Werkes, die mit sehr viel historischem Wissen um die Mythen der alten Babylonier, Assyrer, Ägypter und anderer Völker untermauert war, dass die Aussagen des Alten Testaments nur Abwandlungen der Mysterienkulte und Weisheitslehren der damaligen Völker waren, gar nicht von den in der Bibel genannten Autoren stammten oder falsch überliefert oder übersetzt waren.

Es handelte sich – den Autoren gemäß – daher keineswegs um etwa in Geschichten, Gedichte oder Prophezeiungen verpackte Signale eines Schöpfers, wie von John oder von Judith Feinman behauptet. Die Bibel sei in ihrer heutigen Fassung eine Auslese aus einer viel umfangreicheren Sammlung von überlieferten Schriften, wobei die Auswahl vor vielen Jahrhunderten von einer Reihe sogenannter Kirchenväter nach Kriterien getroffen wurde, die eher subjektiven Charakter hätten und heute schwer nachzuvollziehen seien.

Das war starker Tobak, und noch einmal schwebten die Geier bedrohlich nahe über dem Fundort, den ich gerade entdeckt zu haben meinte.

Doch dann kam mir eine unerwartete Einsicht, die, so einfach sie auch war, eine weit tiefere Bedeutung hatte, als es zunächst den Anschein hatte. Wenn die Bibel tatsächlich das Signal eines Schöpfers an die Menschen wäre – und infolge meiner gerade einsetzenden Erfahrungen mit den Aussagen des Evangeliums war das für mich keine abwegige Hypothese mehr –, dann wäre es dem Schöpfer sicherlich ein Leichtes, die relevanten Informationen mit hinreichender Präzision zu selektieren und zu konservieren, so dass der Leser in Bezug auf das Buch, das immerhin weltweit als Heilige Schrift und Bestseller aller Zeiten bekannt ist, nicht ständig im Ungewissen über die Verlässlichkeit der Aussagen bleiben müsste. Diese Analyse befreite mich sofort von allem Zweifel – wie ich meinte, aufgrund ihrer logischen Rationalität.

Erst später begriff ich, dass ich hier im Prinzip einen weiteren wichtigen Glaubensschritt in Richtung eines bis dato noch unbekannten Terrains getan hatte, in dessen Folge ich diese befreiende Erfahrung machte. Ich hatte nämlich unterstellt, dass ich es hier mit einem aktiven, agierenden, einem lebendigen Schöpfer zu tun hatte – und war dann auch tatsächlich mit ihm in eine innere Berührung gekommen, die mir Frieden und Geborgenheit schenkte. Im Laufe der späteren Jahre sollte sie sich als einer der fundamentalen Inhalte meines Lebens erweisen.

Dass es sich bei Gott um eine bewusste, lebendige Person handelt, die ausgerechnet auch mich menschlichen Winzling in ihrer unermesslichen Schöpfung kennt und beabsichtigt hat, wusste ich nun mit absoluter Gewissheit.

Etwas später fand ich noch ein weiteres Gegenargument gegen die Thesen des besagten theologischen Werkes. Je öfter ich nämlich die Bibel von vorne nach hinten durchlas, desto mehr fiel mir ein seltsamer Umstand auf: Die enthaltenen Informationen sind offenbar redundant. Sie erscheinen wieder und wieder, jeweils in unterschiedlichster Form verpackt, als sollte sichergestellt werden, dass die zentralen Aussagen Jahrhunderte und Jahrtausende unbeschadet überdauern würden.

Beispielsweise finden sich diese Kernaussagen, jeweils in anderer Gestalt, aber mit gleicher Aussage, in der Geschichte der Familie Abrahams wieder, im Auszug der Israeliten aus Ägypten, in den Psalmen, in den prophetischen Büchern, im Lebensweg einzelner biblischer Gestalten, in den Gleichnissen, die Jesus erzählte, in der Beschreibung der Anfänge der Christenheit, in den Briefen eines Paulus oder einiger der Jünger Jesu, im Leben und Sterben Jesu und in dem abschließenden prophetischen Buch der Bibel, der Offenbarung.

Die Redundanz der Aussagen dieser völlig unterschiedlichen Genres erinnerte mich an Methoden der Informatik zur

Sicherung einer korrekten Informationsübertragung. Denn eine Verfälschung an einer Stelle würde relativ leicht durch das «Mehrheitsvotum» der anderen Quellen aufgedeckt werden.

Hinzu kommt, dass die Kernaussagen nicht nur als Lehren dargestellt werden, wie etwa in den Briefen der Apostel, sondern auch sozusagen codiert in der Chiffre des Lebens selbst, nämlich anhand der Schicksale Einzelner, der Geschichte des ganzen Volkes Israel und des Lebens und Sterbens Jesu. Hier scheint mir eine zusätzliche Absicherung gegen Verfälschungen gegeben, denn komplette Geschichten können nicht so leicht durch Falschübersetzungen oder fehlerhafte Überlieferungen einzelner Passagen in ihrer Pointe entstellt werden.

Vom Standpunkt der Informationstechnik erschien mir das Ganze mehr und mehr als ein bemerkenswertes Beispiel für sichere Informationsübertragung. Die Unterstellungen der Schriftgelehrten in meinem theologischen Wälzer verblassten dagegen endgültig zu unbewiesenen Hypothesen, die mir zumindest vom Standpunkt naturwissenschaftlicher Vorgehensweisen keine Probleme mehr bereiteten.

Die Kernaussage der Bibel, die mir auf diese Weise hinreichend abgesichert schien, wurde mir allmählich immer transparenter. Aus den zahllosen Varianten herausgefiltert, auf einen Nenner gebracht und komprimiert formuliert, stellte sie sich mir etwa folgendermaßen dar:

Der Mensch verfehlt den Sinn seiner Existenz, wenn er ihn ohne den Urheber dieser Existenz finden will – eine Feststellung, die mir übrigens nicht unlogisch erschien. Diese Sinnverfehlung führt unweigerlich zu einem schuldhaften Handeln an sich selbst, an anderen Menschen und letztlich an der Schöpfung – und damit auch am Schöpfer.

Um den gemeinsamen Weg mit dem Urheber allen Seins doch noch gehen zu können, kann diese Schuld nicht unter den Teppich gekehrt werden: Sie muss vernichtet oder bezahlt werden. Der Mensch allein kann das nicht leisten, denn dann würde er es ja schon wieder allein versuchen. Stattdessen erfolgt diese Wegnahme der Schuld als Geschenk vom Schöpfer an den Menschen, indem die Sünde des Menschen stellvertretend von Jesus am Kreuz bezahlt wird.

Der Part des Menschen besteht darin, seine Schuld zu erkennen und zu bekennen, dieses Geschenk bewusst anzunehmen und anschließend in der damit erwirkten Gemeinschaft mit dem Urheber durch Glauben und Handeln dem Sinn seiner Existenz entgegenzuwachsen.

Ein bekannter Pastor fasste sich noch kürzer. Er sagte, wenn die ganze Bibel nur aus dem Gleichnis vom verlorenen Sohn bestünde, dann hätte sie schon ihre zentrale Aussage vermittelt.

In der Tat handelt dieses Gleichnis bekanntlich von dem Weg eines Menschen, der sein Glück zunächst ohne den Vater versucht und infolgedessen in einem Stall bei den Schweinen landet. Der Sohn kehrt um zu seinem Vater und bekennt seinen Fehler. Daraufhin passiert das Entscheidende: Der Vater setzt sich in Bewegung. Er kommt seinem missratenen Sohn voller Freude entgegen und versetzt ihn wieder in den Stand eines akzeptierten Sohnes, er versöhnt sich mit ihm.

Diese Geschichte eines misslungenen Lebensweges in Eigenregie (und laut Bibel ist jedes Leben in Eigenregie misslungen) mit der ausdrücklichen Zusage, dass ein Neuanfang jederzeit möglich ist unter der Führung dessen, der das Leben erfunden hat – sofern der Mensch umkehrt und diesen Neuanfang will –, ist offenbar tatsächlich eine Kurzform der Kernaussage der Bibel, und zwar in der Form eines Gleichnisses.

In weit aufwendigerer Art und Weise und in unendlich vielen unterschiedlichen Varianten findet sich dieser Prozess des Abfalls vom Schöpfer, der Rückkehr und der Versöhnung zum

Kapitel 11: DER SCHATZ

Beispiel in den Chroniken der Geschichte des Volkes Israel, ihrer Könige und Propheten wieder. Dabei spielt auch das Thema Stellvertretung im Ritus der Opferung von Schafen und Rindern bereits eine zentrale Rolle.

In Abständen von wenigen Generationen wiederholte sich damals ständig der Prozess vom Leben im Einklang mit Gott, dem Abfall und dem anschließenden Neuanfang. Diesem folgte ein geschichtlicher Ablauf von weit größerer zeitlicher Dimension und tiefgründigerem Ernst, der auch heute noch nicht beendet ist: die Vertreibung der Israeliten in alle Welt kurz nach der Kreuzigung Jesu und die von den Propheten vorhergesagte und bereits eingesetzte Rückkehr in ihr Land.

Noch nicht eingetreten ist allerdings die Vorhersage, dass alle Juden die Versöhnung mit ihrem Gott Jahwe durch den stellvertretenden Tod Jesu Christi annehmen werden.

Das gleiche zentrale Thema, mit dem besonderen Schwerpunkt der Stellvertretung, kommt aber auch in Zusammenhängen zum Ausdruck, bei denen man es überhaupt nicht erwarten würde. Etwa in der Beschreibung des Aufbaus eines umzäunten Zeltes.

Mir war es zunächst immer ein Rätsel, warum sich die Darstellung dieser sogenannten Stiftshütte im zweiten Buch Mose seitenlang in derartigen minutiösen Details erging, bis ich mir eines Tages die Mühe machte, das ganze Gebilde aufzuzeichnen.

Neben vielen anderen Hinweisen fiel mir dabei sofort eines ins Auge: Um ins Heiligtum und damit in die Nähe Gottes zu gelangen, musste man erst am Opferaltar vorbei, der draußen unmittelbar vor dem Eingang des Zeltes stand. Auf ihm wurden Schafe und Rinder geschlachtet, auf die vorher sozusagen die Schuldhaftigkeit der Menschen gelegt worden war. Mit dem Tod der Tiere sollte dann stellvertretend die Sünde ausgelöscht werden. Die hier gewissermaßen kodierte Information war natürlich leicht zu entschlüsseln.

Beim Propheten Jesaja sind diese Hinweise auf Jesus noch weniger verschlüsselt. Hier steht zum Beispiel die erstaunliche Aussage:

«Aber er ist um unsrer Missetat willen verwundet und um unsrer Sünde willen zerschlagen. Die Strafe liegt auf ihm, auf dass wir Frieden hätten, und durch seine Wunden sind wir geheilt.»[13] Impliziter, aber letztlich auch unübersehbar, ist die gleiche Information wiederum in vielen Psalmen enthalten, zum Beispiel in Psalm 22.

Die kompakteste Informationsübermittlung dieser Inhalte findet sich sicherlich im Neuen Testament, etwa in Form der schon erwähnten Gleichnisse Jesu, seinen direkten Aussagen, dass er sein Leben geben würde zu einer Versöhnung für viele, oder in der Bestätigung durch Johannes den Täufer, der beim Anblick Jesu ausrief: «Siehe, das ist Gottes Lamm, das der Welt Sünde trägt!»[14] Auch der Bericht des Lebensweges Jesu bis ans Kreuz, die späteren Lehrbriefe von Paulus und anderen, die Jesus noch persönlich gekannt hatten, sowie das letzte Buch der Bibel, die Offenbarung, zeichnen alle das gleiche Bild.

Nicht von ungefähr ist auch die Tatsache, dass Jesus, den Johannes wie erwähnt als «Lamm Gottes» bezeichnete, genau am Passafest der Juden gekreuzigt wurde. Dieses Fest wird im Andenken daran gefeiert, dass die Familien des Volkes Israel am Abend vor ihrem Auszug aus Ägypten ein Lamm schlachteten und dadurch vor dem Schicksal bewahrt wurden, das die Ägypter damals ereilte.

Selbst im Namen Jesu ist die zentrale Aussage enthalten, dass der Mensch den Sinn seiner Existenz verfehlt, wenn er es ohne den Urheber dieser Existenz versucht. Jesus heißt übersetzt: «Gott rettet». Wenn man das erste Wort betont, liegt der Fokus darauf, dass nicht der Mensch, sondern nur Gott es ist,

Kapitel 11: DER SCHATZ

der aus der Sinnlosigkeit und Schuldhaftigkeit eines unverstandenen Lebens befreien kann. Wenn man die Betonung auf das zweite Wort legt, wird deutlich, dass er es auch tatsächlich tut.

Ferner gibt es viele Beispiele einer inneren Konsistenz der biblischen Aussagen, die mir erst nach und nach auffielen. Zum Beispiel erwähnt Paulus in seinem Brief an die Christen im damaligen Thessaloniki, dass er in Philippi allerhand erleiden musste, ohne näher zu beschreiben, worum es sich handelt.

Was sich dort im Detail zugetragen hat, beschreibt ein ganz anderer Autor, der Arzt Lukas, an einer ganz anderen Stelle der Bibel, in der sogenannten Apostelgeschichte. Obwohl beide Schriftstücke, der Brief des Paulus an die Thessalonicher und der Bericht der Apostelgeschichte, unabhängig voneinander entstanden sind, zeigt ihre Einheitlichkeit, dass es sich hier um die Schilderung realer Ereignisse handelt.

Dies sind nur einige Beispiele dieser seltsamen redundanten und sich gegenseitig bestätigenden Informationsvermittlung. Auch wenn mir die Sprache, der geschichtliche Kontext und die religiösen Bräuche wie etwa das Opfern zahlloser Tiere ungewohnt und zum Teil auch abstoßend erschienen, war ich doch zunehmend beeindruckt von der geballten Eindeutigkeit der Bibel. Die zentralen Inhalte können eigentlich niemandem verschlossen bleiben, der sich dieses Buch einmal ernsthaft vornimmt. Umso erstaunlicher war es mir nun, wie wenig ich bislang über diesen größten Bestseller aller Zeiten gewusst hatte und wie wenig die Allgemeinheit, gerade auch im christlichen Abendland, darüber informiert ist.

Zu der erwähnten ersten, wenn auch noch schwachen intuitiven Erkenntnis, dass ich es hier mit einem agierenden und reagierenden, einem lebendigen Urheber des Seins zu tun bekommen hatte, war nun die Feststellung hinzugekommen, dass die Signale dieses Urhebers nicht nur in Lehrtexten, sondern vor allem in der Chiffre des Lebens einzelner Personen und eines ganzen Volkes enthalten sind. Es handelte sich hier sozusagen um eine Botschaft vom Ursprung des Lebens, die durch das Leben selbst vermittelt wurde.

Das Unerwartete

Das war mehr als die Lehrbücher der Physik, mehr als die blumigen Geschichten der indischen Veden und der Bhagavad Gita, mehr als die scharfsinnigen Interpretationen in den Büchern des Maharishi Mahesh Yogi, mehr als die Faszination bewusstseinsfokussierender Methoden, mehr als die schwer verständlichen mystischen Abhandlungen des Zen, mehr als die rätselhaften hellseherischen Erfahrungen, mehr als die grundehrlichen, aber praktisch nicht nachvollziehbaren Anleitungen zur konditionsfreien Achtsamkeit eines Krishnamurti.

Es war mehr – und doch viel einfacher als all die verschlungenen Pfade, mit denen ich mich abgemüht hatte und denen letztlich eines gemeinsam war: jahrelang den Verstand zu trainieren oder das Bewusstsein unendlich fein auf etwas zu fokussieren mit dem Ziel, das Endgültige entweder rational zu begreifen oder direkt wahrzunehmen.

Entscheidend bleibt bei all diesen Versuchen, dass dabei zwischen dem Wahrnehmenden und der Wahrnehmung unterschieden wird. Der Mensch steuert dabei auf das Endgültige zu, als wäre es ein passives Objekt der Beobachtung.

Das gilt auch dann, wenn in der Leere der inhaltslosen Betrachtung fernöstlicher Meditationstechniken der Eindruck einer Verschmelzung und Auflösung des Ichs entstehen soll: Immer geht es darum, dass der beobachtende Meditierende in einem Etwas aufgehen soll, das einem indifferenten, beobachtbaren Gegenstand gleicht, wie subtil auch immer sich die Erfahrungen der sogenannten *unio mystica* darstellen.

Im Christentum erfuhr ich etwas völlig anderes, völlig Unerwartetes. Nicht ich war der Aktive, der Beobachter, und das Endgültige, der Schöpfer oder wie auch immer man den Urgrund des Lebens bezeichnen mochte, der passive Gegenstand der Betrachtung, sondern es war genau umgekehrt.

Die Begegnung mit dem Endgültigen bestand nicht in dem visionären Blick auf die Geheimnisse der Schöpfung oder in der psychologischen Glückseligkeit der Erfahrung des reinen, aber immer noch der Schöpfung angehörenden Seins, sondern ich machte zuerst die Erfahrung, beschenkt zu werden. Ich war der Passive, der Empfangende, und die Aktion kam von außerhalb auf mich zu. Nicht der Schöpfer war der Gesuchte, sondern ich, das Geschöpf, wurde gesucht von einem aktiven, handelnden Gott.

Es war die Erfahrung des verlorenen Sohnes in dem Gleichnis von Jesus. Das zentrale Geschehen bestand und besteht darin, in sich die Gewissheit wahrzunehmen, dass man in die Gemeinschaft mit dem Schöpfer dieses unermesslichen Weltalls aufgenommen ist.

Ein Geschenk.

Ein Ergebnis, das ich niemals selbst hervorbringen konnte.

Die Begegnung mit dem Urheber des Seins begann mit der Erfahrung, dass der Schöpfer am Geschöpf handelte, dass der Schöpfer sich mir, dem Geschöpf, näherte, nicht umgekehrt. Im Nachhinein wurde mir immer klarer, dass unter anderem gerade hieraus diese erstaunliche Gewissheit resultierte, es wirklich mit dem Schöpfer zu tun zu haben. Denn wenn es einen Schöpfer gäbe, so müsste er sich in der Begegnung mit dem Geschöpf sozusagen *per definitionem* notwendigerweise als der Agierende, Souveräne erweisen.

Jetzt verstand ich auch, warum meine früheren Erfahrungen, so faszinierend sie auch waren, niemals die Gewissheit mit sich gebracht hatten, das Endgültige gefunden zu haben. So ausgeklügelt die Meditationstechniken auch sein mochten: In der Annahme, dass Gott etwas passiv Beobachtbares ist, gingen sie alle von vornherein in eine falsche Richtung und förderten dementsprechend auch nur das zutage, was passiv beobachtbar war: nicht den Schöpfer, sondern die Schöpfung, wenn auch in ungeahnter Tiefe.

Das Charakteristikum einer tatsächlichen Begegnung mit dem Schöpfer kann dagegen logischerweise nur in einem liegen: in der Erfahrung des eigenen Wesens als Geschöpf, das Leben empfängt, im Gegensatz zum Wesen des Schöpfers, der das Leben spendet.

Diese Erkenntnis stellte den alles entscheidenden Punkt meiner Expedition dar. Der Schöpfer war der Handelnde: Er hatte mich in seine Obhut aufgenommen.

Das Einzige, was ich dazu beitrug, war, dass ich bekannte, dass sich mein Leben bislang tatsächlich noch nicht in bewusster Gemeinschaft mit dem Erfinder des Lebens vollzogen und ich dementsprechend mir und anderen viel Leid zugefügt hatte, die Vergebung dieser Schuld annahm und ein neues Leben unter der Führung des Urhebers allen Lebens beginnen wollte.

Die Expedition zum Ursprung war zu Ende. Ich wusste, dass ich den Schatz gefunden hatte, in dem die Antwort auf die Frage nach dem Woher, Wozu und Wohin verborgen war. Und mir war nun auch klar, dass die Antwort nicht darin bestand, diese Dinge rational zu begründen, sondern darin, dass ich in ein neues Leben eingetreten war, dessen wesentliches und entscheidendes Merkmal darin bestand, in eine immer engere Wesensgemeinschaft mit Gott zu gelangen.

Auch wenn mich als Physiker, der ich natürlich immer noch

brennend an einer Schau des Wesens hinter all den rätselhaften Naturphänomenen interessiert war, ab und zu durchaus noch eine leichte Enttäuschung über diesen Ausgang meiner Expedition beschleichen mochte – die völlig neue Erfahrung, dass ich nun in eine gegenseitige bewusste Berührung mit dem Urheber all dieser Phänomene geraten war, überwog dieses Gefühl in zunehmendem Maße.

Mehr noch: War ich zwar mit dem Anspruch angetreten, die letzten Dinge gewissermaßen als unveränderter Beobachter zu sehen oder im Sinne einer alles erklärenden Weltformel zu verstehen, so war die Erfahrung, ein neues Leben begonnen zu haben, als Antwort auf diesen Anspruch jetzt auch vom logischen Standpunkt plausibler. Es wurde mir immer klarer, dass der Sinn des Lebens sich nicht in der Beobachtung tieferer Zusammenhänge, sondern nur in einer neuen Richtung des eigenen Lebens selbst erschließen lässt. Nicht eine Theorie des Lebens, sondern nur das Leben selbst, und zwar ein von höchster Warte geführtes und damit ein von höchster Warte als sinnvoll erachtetes Leben, konnte und musste die Antwort sein.

Immer drängender wurde mir bereits jetzt eine Frage, die meinen späteren Weg zunehmend bestimmen sollte: Warum ist dieses Wissen so wenig verbreitet?

An sich sind die Aussagen der Bibel eindeutig genug. Denn philosophische Abhandlungen, Meditationsanleitungen oder mystische Lehrgebäude sucht man bei Jesus vergebens. Stattdessen wies er immer wieder auf sich selbst. Und sein Leben war ganz eindeutig charakterisiert durch eine vollkommene Gemeinschaft mit Gott.

«Der Sohn kann nichts von sich aus tun, sondern nur, was er den Vater tun sieht; denn was dieser tut, das tut in gleicher Weise auch der Sohn.»[15]

«Ich und der Vater sind eins.»[16]

Diese und viele andere ähnliche Aussagen Jesu lassen eigentlich keinen Zweifel daran, worum es geht. Er forderte seine Zeitgenossen ständig auf, sich ebenfalls diesem Leben anzuschließen, in seine Fußstapfen zu treten, seine «Jünger» zu werden, um in der Sprache und im Kontext der damaligen Zeit zu reden. «Ich» – also eine lebendige Person und eben nicht ein System rationaler Erkenntnisse oder esoterischer Weisheiten – «bin der Weg und die Wahrheit und das Leben»[17], sagte er. «Wer in mir bleibt und ich in ihm, der bringt viel Frucht; denn ohne mich könnt ihr nichts tun.»[18]

Zugegeben – auf den ersten Blick erschließt sich die Tiefe dieser Aussagen noch nicht, und auch ich hatte ja gerade erst mein Aha-Erlebnis gehabt, als ich die Widersprüchlichkeit meines Denkens erkannt und angefangen hatte, zu begreifen. Aber jedem, der diese Texte hartnäckig bearbeitet, so wie etwa die dicken Wälzer, die man für ein Studium verinnerlichen muss, sollten sie sich eigentlich jederzeit öffnen.

Vielleicht besteht das Problem aber auch darin, dass man das Christentum in erster Linie als Verhaltenskodex versteht und weniger als einen Weg, der zur Beantwortung der tiefsten Fragen der Menschheit führt. Üblicherweise erwartet man diese Dimension der Bibel einfach nicht und liest über die entscheidenden Aussagen hinweg.

Doch die christlichen ethischen Normen sind nicht als Forderungen Jesu an das menschliche Verhalten zu lesen, sondern als Ergebnisse eines durch die Gemeinschaft mit Gott erfüllten Lebens. Die siebenfachen Ausrufe der Bergpredigt «Selig sind …» oder auch die nachfolgenden Aussagen, etwa über die Feindesliebe, erhalten erst dann ihre eigentliche Bedeutung, wenn man sie nicht als schlechterdings unerfüllbare Forderungen an einen unveränderten Menschen, sondern als triumphierende Feststellung der äußeren Anzeichen eines neuen Lebens versteht.

Kapitel 11: DER SCHATZ

Das Geheimnis

Eines Nachts wurde Jesus von einem der Theologen seiner Zeit aufgesucht. Dieser stellte gleich zu Anfang des Gesprächs fest, dass Jesus offenbar tatsächlich ein Lehrer der Geheimnisse Gottes sei, denn sonst könne er unmöglich in der Lage sein, solche Wunder zu vollbringen. Indirekt hatte er damit die Frage nach diesen Geheimnissen, nach den zentralen Aussagen der Lehre Jesu gestellt.

Und Jesus antwortete mit einem Satz, der meine neue Erkenntnis nicht besser beschreiben hätte können: «Wenn jemand nicht von Neuem geboren wird, so kann er das Reich Gottes nicht sehen.»[19] Zugang zum Endgültigen bekam ich nicht durch eine physikalische Weltformel oder eine mystische Schau, sondern durch den Beginn eines Lebens in einem neuen, vorher nicht vorhandenen Bewusstsein, das mir wie im Falle einer Geburt als Geschenk gegeben werden musste.

Auf die fassungslose Frage des Theologen, wie man denn von Neuem geboren werden könne, erläuterte Jesus, dass es sich nicht um eine physische Geburt handele, sondern um eine Geburt im Geist, um eine innere Erneuerung: «Wahrlich, wahrlich, ich sage dir: Wenn jemand nicht geboren wird aus Wasser und Geist, so kann er nicht in das Reich Gottes kommen.»[20]

Dann beschrieb er mit einem tiefsinnigen Satz dieses neue Leben, dessen Bedeutung mir nun ebenso offensichtlich war: «Wundere dich nicht, dass ich dir gesagt habe, ihr müsst von Neuem geboren werden. Der Wind bläst, wo er will, und du hörst sein Sausen wohl; aber du weißt nicht, woher er kommt und wohin er fährt. So ist ein jeder, der aus dem Geist geboren ist.»[21]

Eine bessere Analogie konnte es kaum geben. Es ging nicht um eine Information über die Richtung und andere beobachtbare Eigenheiten des Windes, sondern um die Erfahrung des Windes selbst. Man entdeckt den Sinn des Lebens nicht, wenn man versucht, das Woher und Wohin rational zu erfassen, sondern nur in der innerlich empfundenen Gewissheit, dass man in der Gemeinschaft mit dem Schöpfer dieses unfassbaren Daseins lebt und in ihm geborgen ist.

Dass diese Erfahrung nicht erarbeitet, sondern nur als Geschenk empfangen werden kann, macht der Vergleich mit einer Geburt deutlich, wobei der Hinweis auf das Wasser gleichzeitig ein Fingerzeig auf den Zugang zu diesem Geschenk zu sein scheint. Diese Geburt im Geist steht in engem Zusammenhang mit einer Reinigung – zwar nicht durch äußerliche Anwendung von Wasser, auch wenn der damit zusammenhängende Ritus der Taufe diesen Vorgang sicherlich unterstreichen soll –, sondern durch eine Reinigung im Geist.

Der Zugang zu der Gewissheit, dass dieses Leben begonnen hatte, war mir offenbar an jenem Vormittag in jenem Vorort namens Chula Vista jener Stadt namens San Diego eröffnet worden, als ich die bisherige Zielverfehlung meines Lebens eingestanden, um Vergebung gebeten und diese im Glauben angenommen hatte, auch wenn dieser Glaube zunächst nur schwach artikuliert und mir damals wenig als solcher bewusst war.

Nach und nach wurde mir auch klar, dass es sich dabei nicht um einen statischen Zustand handelte, sondern dass dieses Leben und der damit verbundene Sinn einer völlig neuen Dynamik unterlagen. Letztlich lief es darauf hinaus, die Gemeinschaft mit dem Schöpfer immer weiter zu vertiefen, bis hin zu der geradezu beängstigend unermesslichen endgültigen Zielsetzung: unser Wesen dem Schöpfer allen Seins anzugleichen. Denn gleich im ersten Buch der Bibel heißt es: «Und Gott schuf den Menschen zu seinem Bilde, zum Bilde Gottes schuf er ihn.»[22]

Die Bedeutung dieser Aussage als tiefster Sinn des menschlichen Daseins, die in der ganzen Bibel direkt oder indirekt immer wieder thematisiert wird, erschloss sich mir erst nach und nach, und auch heute noch ist dies ein zentraler Gegenstand inneren geistigen und geistlichen Arbeitens und Erarbeitens.

Eine gute Hilfestellung ist mir dabei in meiner technisch-naturwissenschaftlich geprägten Denkweise immer wieder der Vergleich mit einem Radio oder dem Fernseher. Ohne auch nur das Geringste davon zu spüren, werden wir ständig, in jeder Sekunde unseres Lebens, von einer unsichtbaren Realität umspült: den elektromagnetischen Wellen mit Frequenzen außerhalb von denen des sichtbaren Lichtes, wie zum Beispiel den Radiowellen.

Kein Mensch zweifelt mehr an der Existenz dieser geheimnisvollen dynamischen Kraftfelder, obwohl niemand sie jemals gesehen hat. Der Satz: «Ich kann nur glauben, was ich sehe», ist zumindest aus der Sicht der Physik des zwanzigsten und einundzwanzigsten Jahrhunderts restlos überholt. Wenn dies noch die Einstellung der Physiker wäre, dann hätten wir heute kein Radio, kein Fernsehen, keine Röntgendiagnostik, keine Strahlentherapie, keine Kernspintomografie, keine Satelliten, kein Flugleitungsradar usw., ganz zu schweigen vom elektrischen Strom, den auch noch nie jemand zu Gesicht bekommen hat.

Obwohl also diese elektromagnetischen Wellen für unsere menschlichen Sinne prinzipiell nicht wahrnehmbar sind, gibt es doch Geräte, mit denen man ihren Informationsgehalt an Musik oder Bildern erfahrbar machen kann. Bezeichnend ist dabei die Bedingung, unter der die Transformation des Unsichtbaren ins Sichtbare geschieht. Dazu muss nämlich der Empfangsteil des Radios oder Fernsehers, der im Wesentlichen eine Vorrichtung darstellt, in der elektrische Ströme mit ganz bestimmter Frequenz schwingen können, so eingestellt werden, dass diese Frequenz haarscharf mit der Frequenz der Radiowelle übereinstimmt. Nur in diesem Falle kommt es zur sogenannten Resonanz zwischen dem Strom im Empfänger und dem elektromagnetischen Kraftfeld, und nur dann kann Energie aus der Radiowelle in den Empfänger übertragen werden. Erst jetzt ist ein hinreichend starker Strom vorhanden, um nach weiteren Verarbeitungsschritten und Verstärkungen einen Lautsprecher oder einen Bildschirm zu betreiben.

Das heißt, der Radioapparat oder das Fernsehgerät erfüllen erst dann ihre eigentliche Bestimmung – nämlich die unsichtbaren Radio- oder Fernsehwellen in der Welt hörbar und sichtbar zu machen –, wenn sie auf Resonanz mit der unsichtbaren Realität dieser Wellen eingestellt sind.

Die Analogie lag für mich natürlich auf der Hand: Der Sinn des Menschen liegt darin, dass er das Wesen des unsichtbaren Schöpfers in der Welt widerspiegelt, und diesen Auftrag kann ich erst dann erfüllen, wenn ich sozusagen innerlich in eine Resonanz mit dem Wesen Gottes gelangt bin.

Dieses Wesen wird in der Bibel als eine derartig gewaltige Liebe, Wahrheit und Gerechtigkeit beschrieben, dass selbst die kleinste Lieblosigkeit, Unwahrheit oder Ungerechtigkeit in meinem Leben eine totale Verstimmung jeglicher Resonanz bedeutet. Somit musste ich zunächst meine eigenen «Unklarheiten» er- und bekennen und das Geschenk der Vergebung der Sünden glaubend erfassen. Erst nach diesem Eingeständnis und der Korrektur der bisherigen «Resonanzverstimmung» konnte ich die Qualität dieses Schöpfers erfahren und die Ausstrahlung in die Welt allmählich einsetzen.

Ähnlich wie ein Radio niemals seinen Zweck erfüllt, wenn es nicht auf Resonanz mit der Frequenz der Radiowellen eingestellt wird, so wird auch der Mensch niemals den Sinn seines Lebens zu begreifen beginnen, wenn er sich nicht auf diese Weise auf das Wesen Gottes ausrichtet.

Tut er es aber, dann bekommt die Aussage: «zum Bilde Gottes schuf er ihn», plötzlich eine lebendige, vorher nicht bekannte Dimension in Bezug auf den eigentlichen Sinn des menschlichen Daseins.

Dieser Sinn, diese Zielsetzung, war weit mehr, als ich jemals erwartet hatte.

Aber tief innerlich spürte ich, dass der Mensch auch nicht dazu geschaffen ist, sich mit weniger zufriedenzugeben.

Kapitel 12:
SPRENGUNGEN

Gemessen an diesem Ziel waren es wahrhaft mikroskopische Schrittchen, mit denen mein Leben sich nun in eine neue Richtung entwickelte. Aber ich und mein Umfeld merkten doch, dass sich etwas änderte, langsam, aber stetig, unaufhaltsam und vor allem unumkehrbar.

Diese Entwicklung war zwar nicht mehr direkter Bestandteil meiner Expedition zum Ursprung, denn diese war ja – mit für mich überraschendem Ausgang – zum Abschluss gekommen. Doch als Ergebnis dieser Expedition war sie letztlich von viel größerer Bedeutung als der Abschluss selbst. Daher möchte ich diesen Prozess im Folgenden an einigen Beispielen so gut wie möglich veranschaulichen.

Typisch für mich wie für andere, die die gleiche Erfahrung gemacht haben, war zunächst ein bis dato unbekanntes Interesse daran, in der Bibel zu lesen, oder besser: zu graben. Es zeigte sich nämlich, dass viele Aussagen sich erst nach und nach erschlossen, und zwar umso mehr, je aufmerksamer und bewusster ich nach tieferer Erkenntnis strebte. Manchmal kam und kommt es auch heute noch zu regelrechten Aha-Effekten, die meist nicht ohne Auswirkungen auf das praktische Leben bleiben.

Zweitens wurde mir wichtig, mich der Gemeinschaft mit dem Erschaffer dieses Daseins mindestens einmal am Tag bewusst und ausschließlich zuzuwenden und mich in ein lautloses Gespräch mit diesem unsichtbaren, aber doch so unmissverständlich spürbaren, gewaltigen Gegenüber einzulassen. Ich begann, regelmäßig zu beten. Bald wurden das Forschen in der Bibel und das Gebet so selbstverständliche Bestandteile meines Lebens wie Essen und Atmen. Zusehends sollte ich die Erfahrung machen, dass hierin eine eigentümliche Kraft verborgen lag, die mein Leben immer mehr zu verändern begann.

Risse im Felsen

Eines Tages versuchte ich das, was sich da in mir abspielte, grafisch festzuhalten. Es entstand ein Tableau aus sechs Bildern, das ich an die Wand meines kleinen Wohnzimmers nagelte. Wie sich später herausstellen sollte, war das eine ziemlich präzise, intuitiv erfasste symbolische Darstellung meines weiteren Lebensweges.

Das erste Bild bestand aus einem perspektivisch gezeichneten schwarzen Felsbrocken von annähernd rechteckigem Querschnitt. Das zweite zeigte den gleichen Felsbrocken, aber mit Rissen. Im dritten Bild waren die durch die Risse getrennten Teilstücke schon etwas weiter auseinandergebrochen, und durch die entstandenen Ritzen sah man im Zentrum des Felsbrockens etwas wie einen Funken oder einen Blitz. Im vierten Bild waren die Teilstücke noch weiter auseinandergetrieben, und der Funke war zu einer Art leuchtendem Stern angewachsen. Im fünften Bild waren einige der Felsbrocken von diesem sich ständig ausdehnenden Stern bereits verdrängt worden, und im letzten Bild gab es nur noch den Stern, strahlend, befreit von allen Felsstücken.

In der Tat hatte ich das Gefühl, dass mein früheres Leben plötzlich erstarrt war und einem unveränderlichen Felsbrocken glich. Mitten im Zentrum dieses Felsbrockens war ein neues Leben explodiert, das wie bei einer Sprengung den Panzer des Alten und Erstarrten aufgebrochen hatte. Nun konnte es sich Zug um Zug weiter ausdehnen und sich allmählich von den toten Brocken des alten Lebens befreien.

Der erste Schritt – das Erstarren – war plötzlich erfolgt. Ich wusste intuitiv und unmittelbar, dass mein bisheriges Leben nun zu Ende war und etwas Neues begonnen hatte. Dagegen sollte sich der anschließende Vorgang, bei dem die alten Brocken langsam verschwanden, als ein relativ langsamer und unendlich gründlicher, zum Teil auch schmerzhafter Prozess erweisen.

Das neue Leben ist zwar schon da, aber es koexistiert noch lange mit den Resten des alten. Der Weg des Christen besteht offenbar in einer langen Kette immer wieder neu zu treffender Entscheidungen, gegen den Sog des alten Daseins, für die glaubende Hinwendung und anschließende befreiende Erfahrung der neuen Lebenswirklichkeit.

Auslöser dieser abrupten Sprengung zu Anfang war – wie in allen Bereichen meines neuen Lebens – diese mir bislang unbekannte Sensibilität für Wahrheit, und zwar zunächst für die Wahrheit über mein bisheriges altes Leben. Nach allem, was ich später in Gesprächen oder Berichten über die Erfahrungen anderer gehört habe, ist dies typisch, aber je nach Vorgeschichte und Lebenslage natürlich von Fall zu Fall total unterschiedlich.

Bei mir jedenfalls ging es zuallererst um den neuralgischsten Punkt in meinem damaligen Leben als lebenslustiger Twen: mein Verhältnis zu dem so heißgeliebten anderen Geschlecht. Ich hatte bereits erwähnt, dass ich in diesem Zusammenhang schon allerhand Schaden angerichtet hatte, aber im Unterschied zu vorher, als derartige Schäden von mir wie auch von aller Welt um mich herum als relativ harmlos und normal angesehen wurden, eröffnete sich mir jetzt ein tieferer Blick auf das Eigentliche. Zu meiner Verblüffung musste ich dabei feststellen, dass das, was ich da sah, alles andere als eine moralinsaure Bewertung meines Verhaltens war, wie ich sie früher vom Christentum erwartet hätte. Es kam ganz anders.

Ich begann, Natascha als ein Geschöpf dessen zu betrachten, der sie erschaffen hatte und durch dessen Zuwendung mir gerade der Sinn des Lebens eröffnet worden war. Der ihr Hoffnung und Sehnsucht ins Herz gegeben hatte. Der ihr, wie allen Menschen, etwas Kostbares, aber gleichzeitig sehr Verletzliches gegeben hatte: die Fähigkeit, sich ganzheitlich, also geistig, seelisch und körperlich hinzugeben. Und den Wunsch nach einer Erwiderung dieser Hingabe und die Hoffnung, dass diese nicht enttäuscht werden würde.

Zu oft war gerade das bereits in ihrem Leben geschehen: von ihrem gewalttätigen Mann, von Bekanntschaften danach. Nun war ihr hoffnungsvoller Blick auf mich gerichtet, und zum ersten Mal nahm ich bei ihr diese tiefe innere Sehnsucht wahr, die wohl jedem Menschen gegeben ist: die Hoffnung nach Beständigkeit des Glücks, das man sich in solch einer Beziehung geben kann.

Zum ersten Mal begriff ich, dass der, der das Leben erfunden hatte, mit der Erfahrung «Liebe» eigentlich etwas Unzerstörbares schaffen wollte. Denn wieso würden sonst fast alle Chansons der Welt, der Flamenco, die portugiesischen Fados und so viele andere Genres des musikalischen Ausdrucks der menschlichen Befindlichkeit den Verlust gerade dieser Erfahrung meist so bitterlich beklagen?

Ich begriff, dass diese Klage damit zu tun haben müsse, dass jeder Mensch spürt – wenn vielleicht auch nur unbewusst –, dass die zwischenmenschliche Liebe ein erster Hinweis auf den eigentlichen Sinn des Lebens sein soll, dessen wichtigstes Merkmal unter anderem gerade darin besteht, nicht mehr zu enttäuschen und darin sozusagen eine erste Ahnung von Ewigkeit zu vermitteln.

Umso deutlicher erkannte ich jetzt den Widerspruch in meinem bisherigen Verhältnis zu Natascha: Bedenkenlos nahm ich ihre Hingabe in Anspruch, aber es fiel mir nicht im Traum ein, die damit verbundene Hoffnung auf Beständigkeit auch nur im Geringsten in Erwägung zu ziehen.

Gegen ein freundschaftliches Verhältnis, bei dem man sich erst allmählich kennen lernen würde, wäre nichts einzuwenden gewesen. Aber ich nahm sofort alles, was sie zu geben vermochte, mitsamt der tiefen geistigen und seelischen Verschränkung, die damit einherging, ohne mir die geringsten Gedanken darüber zu machen, dass diese innere Verbundenheit *auf Dauer* angelegt sein könnte und eine spätere Trennung zumindest bei einem von uns beiden zu tiefsten Verletzungen führen würde.

Allmählich wurde mir klar, wie brutal dieses Verhalten eigentlich war. Während ich ihr in vielen Momenten immer wieder leidenschaftlich versicherte, wie sehr ich sie liebte, schwebte gleichzeitig bereits das Damoklesschwert einer möglichen zukünftigen Beendigung über unserer Beziehung. Nicht explizit, aber implizit dadurch, dass ich diese Möglichkeit bewusst offenließ!

Ich konnte mit Natascha nicht mehr weiterleben wie bisher. Entweder ich stand zu dem, was wir teilten, und heiratete sie, oder ich musste die bisherige Art der Beziehung – nicht die Beziehung selbst – schleunigst ändern und den bereits bei ihr als auch bei mir und meiner Freundin in Deutschland entstandenen Schaden der höchsten Instanz zur Vergebung und Heilung übergeben.

Derart empfänglich geworden für das, was ich wirklich suchte und wollte, konnte ich unschwer erkennen, dass für mich nur Letzteres galt. Der Schritt fiel mir bei dieser ungewöhnlich attraktiven Frau allerdings unendlich schwer, aber er führte uns beide aus dieser unterschwelligen Lebenslüge heraus in die Klarheit. Auch sie hatte inzwischen, durch meine Verwandlung neugierig geworden, das Geschenk der Vergebung von höchster Stelle angenommen und damit den Zugang zu der so lang ersehnten Sinnfindung in ihrem Leben gefunden.

Und im Nachhinein will es mir manchmal so erscheinen, als ob unsere Begegnung vielleicht vor allem zu dem Zweck stattfinden musste, dass sie mich zu diesem Counsellor führte, von dem ich – und ausgelöst durch mich dann auch sie – den entscheidenden initialen Stoß in die Richtung der endgültigen Antwort bekommen hatte.

Eine weitere Veränderung meines Lebens betraf einen Vorgang, der am besten vielleicht als Rückkehr zur Normalität bezeichnet werden könnte.

Durch die Beschäftigung mit bewusstseinsfokussierenden Mitteln, mit Meditation und fernöstlicher Philosophie, mit Verfahren zur Erlangung telepathischer und hellsichtiger Fähigkeiten, mit den esoterischen Schriften der Theosophischen Gesellschaft und schließlich durch den Abbruch meines Studiums war ich deutlich aus der Spur des Normalen ausgeschert.

Dies galt nicht nur für meinen äußeren Lebensweg, sondern auch für meine innere Befindlichkeit, die vor allem durch das bereits beschriebene Gefühl geprägt gewesen war, in einem psychischen Labyrinth umherzuirren. Alles um mich herum war irgendwie in einem geheimnisvollen Licht erschienen, harmlose Aussagen hatten plötzlich vielfältige Botschaften mit oft bedrohlichen Untertönen erhalten, und fast jedes Ereignis hatte eine verborgene Bedeutung gehabt, deren vermeintliche Komplexität mein Fassungsvermögen hoffnungslos überstiegen hatte.

Viel später stellte ich fest, dass dieser Zustand bei Drogenabhängigen gang und gäbe ist, oft nur wesentlich intensiver. Selbst das Summen einer Fliege kann dann zu einem bedrohlichen Omen werden und die Fliege plötzlich als Manifestation eines höheren Wesens erscheinen, das einen mit bösartigen Absichten beäugt.

All dieser Unrat war jetzt von mir abgefallen.

In dem Bewusstsein, sozusagen unter der Obhut des Allerhöchsten zu stehen, hatte sich meine frühere, fasziniert-horrifizierte Bindung an diese Vorstellungswelt innerhalb kurzer Zeit aufgelöst. Diese Dinge hatten keine Macht mehr über mich, und ich spürte mit großer Erleichterung, wie meine Einbettung in das Leben um mich herum zusehends einfach, klar und normal wurde.

Rückkehr

Eines Tages wurde mir folgerichtig auch deutlich, dass der Beruf eines Sprachschuldirektors nicht meine endgültige Profession sein konnte. Von einem Tag auf den anderen verkaufte ich meinen VW Käfer, bezahlte von dem Erlös das Flugticket nach Frankfurt und traf, wie sechs Jahre zuvor wieder an einem kalten Februartag, frierend, aber dennoch zuversichtlich in der Universitätsstadt Göttingen ein.

Einige meiner früheren Kommilitonen, mittlerweile zu wissenschaftlichen Assistenten avanciert, staunten nicht schlecht, als ich wieder im Institut für Theoretische Physik auftauchte und dort ebenfalls die Stelle eines wissenschaftlichen Assistenten antrat. Unbelastet von unrealistischen Ansprüchen an die Physik und daher mit einer ganz neuen Befriedigung und Freude an der Arbeit, machte ich mich an meine Dissertation.

Interessanterweise war diese nicht ohne Bezug zu meiner neuen Lebensorientierung. Mein Doktorvater, Professor Kohler, hatte die Idee, die sogenannten 1-dimensionalen Gravitationsfelder einmal umfassend erforschen zu lassen. Damit war eine bestimmte Klasse von Lösungen der Einstein'schen Feldgleichungen gemeint.

Wie eingangs schon erwähnt, stellen diese Gleichungen das Meisterwerk Einsteins dar, mit dem es ihm gelungen ist, den Einfluss von Massen auf die Krümmung des Raumes zu beschreiben. Allerdings sind diese Gleichungen derart kompliziert, dass man bis dato nur wenige Lösungen gefunden hatte.

Die 1-dimensionalen Gravitationsfelder sind dadurch gekennzeichnet, dass sie nicht von den vier Variablen der sogenannten Raumzeit – den drei räumlichen Koordinaten und der Zeit – abhängen, sondern nur von einer Koordinate, und damit vereinfachen sich die Gleichungen beträchtlich. Es gelang mir, aus den Feldgleichungen eine Art Algorithmus zu entwickeln, bei dem man sozusagen vorne nur noch an einer mathematischen Kurbel drehen musste, um die Lösungen hinten herauspurzeln zu lassen.

Selbstverständlich lieferte dieses Verfahren alle bis dahin schon gefundenen 1-dimensionalen Gravitationsfelder, aber darüber hinaus kamen auch noch Erweiterungen der bekannten und eine Reihe neuer Lösungen ans Licht. Das Aufregende an diesen Lösungen war, dass nicht wenige von ihnen als kosmologische Modelle, das heißt als Beschreibungen der Entwicklung des Weltalls, in Betracht kamen.

Hat man derartige kosmologische Modelle einmal gefunden, so ist es naheliegend, in ihnen die Zeit einmal vorwärts oder auch rückwärts ablaufen zu lassen, um zu sehen, wie sich das Universum in die Zukunft hinein oder aus der Vergangenheit heraus entwickelt.

Von den bekannten kosmologischen Modellen wusste man bereits, dass sie beim Zurückspulen der Zeit immer in eine sogenannte Singularität mündeten, wo Raum und Zeit noch nicht vorhanden waren. Spulte man nun die Zeit von diesem Punkt gedanklich wieder vorwärts, so konnte man sehen, dass das Weltall mit einem Schlag, dem früher bereits erwähnten Urknall oder Big Bang, aus dem Nichts dieser Singularität entstanden sein musste und sich seitdem immer weiter ausgedehnt hatte.

Dieser Urknall bekam aus meiner neuen Sicht jetzt natürlich eine tiefere Bedeutung, war er doch ein Hinweis auf die Richtigkeit der biblischen Aussage, dass das Weltall nicht immer schon vorhanden war (was ursprünglich von allen Physikern angenommen worden war), sondern einen Anfang hat, mithin aus einem Schöpfungsakt aus dem Nichts entstanden ist.

Dies geht zum Beispiel aus dem bekannten ersten Satz der Bibel: «Am Anfang schuf Gott Himmel und Erde», hervor und wird in vielen weiteren Stellen thematisiert, wie zum Beispiel im Neuen Testament im Hebräerbrief im elften Kapitel, wo es heißt: «Durch den Glauben erkennen wir, dass die Welt durch Gottes Wort geschaffen ist, dass alles, was man sieht, aus nichts geworden ist.»

Bis vor wenigen Jahrzehnten hätte man solche Aussagen aus naturwissenschaftlicher Sicht selbstverständlich noch als Unsinn abgetan. Mittlerweile zweifelt in der Fachwelt jedoch niemand mehr daran, dass Urknall und dynamische Entwicklung des Weltalls die beste Annäherung an eine Beschreibung des Ursprungs des Universums darstellen. Die vor zweitausend Jahren aus Glauben gemachte Aussage über die Entstehung der Welt aus dem Nichts ist heute sozusagen wissenschaftlich untermauert. Ich entdeckte, dass sich die Übereinstimmung biblischer und naturwissenschaftlicher

Kosmologie sogar noch umfassender in der Form von drei Kernaussagen darstellen ließ:

Zunächst gibt es die erwähnte Aussage der Bibel, dass das Weltall einen Anfang hat. Diese Aussage wird durch die Theorie Einsteins und die Messungen der Fluchtbewegung der Sterne bestätigt. Zweitens lässt der erste Satz der Bibel noch offen, was *vor* diesem Anfang war oder woraus das Weltall im Moment dieses Anfangs entstanden ist. Diese Frage wird jedoch unter anderem im Hebräerbrief beantwortet: vor dem Anfang war das Nichts. Die Einstein'schen Feldgleichungen besagen in ihrer wesentlich komplizierteren, aber nicht minder eindeutigen mathematischen Sprache das Gleiche: Am Anfang gab es weder Raum noch Zeit, sondern Raum, Zeit und Materie sind erst mit dem Urknall entstanden.

Als dritten bemerkenswerten Umstand entdeckte ich schließlich, dass die Bibel im Kontext der Erschaffung des Himmels immer von einem dynamischen Vorgang spricht. Zum Beispiel steht etwa im 40., 42. oder 45. Kapitel des Buches Jesaja oder im 104. Psalm, aber auch im Buch Sacharja im zwölften Kapitel immer wieder, dass Gott den Himmel ausbreitet oder ausspannt, wie man etwa einen Teppich ausbreitet oder ein Zelt aufspannt.

Diesen Aussagen mehr als eine allegorische Bedeutung zuzuschreiben, wäre bis vor wenigen Jahrzehnten aus naturwissenschaftlicher Sicht noch unmöglich gewesen. Doch auch hier ergibt sich eine Übereinstimmung mit der modernen theoretischen und empirischen Kosmologie, die eine Expansion des Weltalls konstatiert, auch wenn man sich sicherlich davor hüten sollte, einzelne Worte der Bibel allzu akribisch auf die naturwissenschaftliche Goldwaage legen zu wollen.

Allerdings: Diese Übereinstimmungen, die mir gerade im Rahmen meiner Dissertation noch einmal besonders deutlich wurden, waren zwar erfreulich, hatten aber im Hinblick auf meine innere Gewissheit, dass ich mit dem Schöpfer dieses Weltalls verbunden war und ein neues Leben empfangen hatte, keine Bedeutung. Insofern hatte ich auch nicht das geringste Problem damit, mit großer Spannung meine neu gefundenen kosmologischen Modelle daraufhin zu untersuchen, ob es nicht doch einige von ihnen gab, die keine Singularitäten hatten und dementsprechend den Schöpfungsakt nicht bestätigen würden.

Diese Untersuchungen erforderten umfangreiche Rechnungen, die pro kosmologischem Modell mehrere Tage dauerten, je nachdem, wie oft ich mich verrechnete. Während des Lösungsprozesses konnte man immer schon eine gewisse Tendenz erahnen, ob am Ende eine Singularität herauskommen würde oder nicht, und öfters kam es mir während des Rechengangs so vor, als ob das Ergebnis einmal in Richtung Singularität tendierte, sich dann aber wieder abwandte, und so fort, so dass ich in ein regelrechtes Wechselbad der Gefühle getaucht wurde. Unversehens hatte das mühselige Rechnen für jedes kosmologische Modell den Charakter eines spannenden Krimis angenommen, und ich vergaß alles um mich herum, bis ich endlich wieder am Ende einer Rechnung angekommen war.

Es gab nur Lösungen mit Singularitäten.

Letztlich gelang es mir, aufgrund allgemeiner Überlegungen zu beweisen, dass unter realistischen Randbedingungen immer eine Singularität herauskommen müsse. Damit war der Spaß mit diesen spannungsgeladenen Rechengängen vorbei, aber dafür hatte ich für die spezielle Klasse der 1-dimensionalen Gravitationsfelder ein interessantes allgemeines Theorem bewiesen, was meiner Dissertation natürlich zugutekam.

Was ich nicht wusste und was in der Fachwelt damals wohl auch noch nicht allgemein bekannt war: Der renommierte Physiker Stephen Hawking hatte zusammen mit seinem Kollegen Roger Penrose wenige Jahre vorher bewiesen, dass jedes vernünftige Modell des Universums, das heißt also nicht nur meine 1-dimensionalen Gravitationsfelder, mit einer Singularität beginnen muss, wenn die Allgemeine Relativitätstheorie richtig ist.

In seinem Buch *Einsteins Traum – Expeditionen an die Grenzen der Raumzeit* zieht Stephen Hawking den bemerkenswerten Schluss: «In diesem Fall könnte die Wissenschaft die Aussage machen, dass das Universum einen Anfang gehabt haben muss. Sie könnte aber nicht vorhersagen, wie dieser Anfang ausgesehen hätte. Dazu müsste man den lieben Gott bemühen.»[23]

Auch wenn diese Aussage vielleicht einen etwas ironischen Unterton haben mag, wird hier doch ersichtlich, dass dem Urknall selbst in der naturwissenschaftlichen Fachwelt ein Hinweischarakter auf die mögliche Existenz eines Schöpfers zugebilligt wird.

Mittlerweile gibt es zwar eine große Anzahl von Versuchen, insbesondere unter Einbeziehung der Quantenphysik, zu erweiterten Beschreibungen der Entwicklung von Raum und Zeit zu kommen, von denen einige auch eine Dimension «vor» dem Urknall zulassen könnten, aber diese haben alle noch nicht die Akzeptanz fundierter theoretischer Modelle.

Bemerkenswert bleibt, dass der Urknall und mithin dieser Hinweis auf einen Anfang oder Schöpfungsakt nach wie vor die Physiker im höchsten Maße fasziniert und Ausgangspunkt großer Anstrengungen in der heutigen theoretischen und experimentellen Physik ist.

Ein Freund

Sigi. Ich traf ihn in der Mensa. Gut aussehend wie immer. Die blauen Augen, die Hakennase, der strubbelige blonde Bart und vor allem das spöttische Grinsen – nichts hatte sich verändert.

Kapitel 12: SPRENGUNGEN

Wir kannten uns bestens aus der Zeit vor meinem Amerika-Aufenthalt. Sigi war der Typ, der zu seinem Geburtstag einen ganzen Partykeller mietete, alle Freunde, derer er habhaft werden konnte, mit dem Versprechen einlud, für die holde Weiblichkeit würde er schon sorgen, dann in die Schwesternheime der örtlichen Universitätsklinik fuhr und dort mit seiner Klampfe und betörend tiefer Stimme derart verlockend vorspielte, dass die Hübschen in hellen Scharen seiner Einladung folgten und mit mehreren Bussen zur Party gefahren werden mussten.

Sigi studierte Theologie.

Jetzt saßen wir uns in der Mensa gegenüber und erzählten, wie es uns in der Zwischenzeit ergangen war. Ihn hatte sein ausschweifender Lebensstil offenbar in eine schwere gesundheitliche Krise geworfen. Vor nicht allzu langer Zeit hatte man ihn nur deswegen aus der Universitätsklinik entlassen, weil er dies explizit auf sein eigenes Risiko tat. Nun plagten ihn noch die Nachwehen der Krankheit und der Druck, jetzt endlich sein Studium abschließen zu müssen.

Ich erzählte natürlich etwas davon, wie ich auf meiner Suche nach dem Sinn des Lebens auf so überraschende Weise fündig geworden war. Wie ich Sigi kannte, konnte ich mir kaum vorstellen, dass er trotz seines Theologiestudiums nachvollziehen könnte, was ich erlebt hatte. Nach Beendigung meines Berichts schaute ich ihn daher erwartungsvoll an. Ich hatte bemerkt, dass er mir gebannt zugehört hatte. Aber dann verzog sich sein Gesicht zu einem ironischen Grinsen. «Hallo Bruder», sagte er salbungsvoll und reichte mir die Hand über den Tisch.

Wir standen auf und gingen unserer Wege.

Ein paar Tage später trafen wir uns an einer Baustelle am Straßenrand wieder, schräg gegenüber vom Auditorium Maximum.

«Sag mal, was hattest du da in Amerika erlebt? Kannst du das noch mal erzählen?»

Ich berichtete das Wesentliche noch einmal, diesmal etwas ausführlicher. Er fragte nach, ich holte noch weiter aus, er bohrte weiter, ich ging tiefer ins Detail. Gleich neben uns machte ein Bagger einen ohrenbetäubenden Lärm. Es störte uns nicht. Er fragte, und ich redete.

Und schließlich ließ er die Katze aus dem Sack: Ein paar Monate zuvor hatte er ein ganz ähnliches Erlebnis gehabt wie ich, nur vor einer völlig anderen Lebenskulisse.

Nun redete er, und ich fragte nach. Wir standen neben dem Bagger, der Bagger machte einen furchtbaren Lärm, aber wir waren zu gebannt von dem, was sich hier abspielte, als dass wir die paar Schritte weitergegangen wären, um uns in Ruhe weiter zu unterhalten. So standen wir vielleicht eine Stunde oder mehr in diesem Getöse und redeten.

Sigi hatte seinen Vater früh verloren und war in ein unstetes Leben hineingewachsen. Vier Lehren hatte er begonnen und sie nach kurzer Zeit wieder abgebrochen. Nachts hatte er sich in Bars herumgetrieben und war mitunter sogar in die eine oder andere Schlägerei geraten. Aber tief unter dem trotzigen Äußeren verbarg sich offenbar eine ähnliche Sehnsucht wie die, die mich angetrieben hatte, und öfters hatte er sich in die kleine Kirche seines Dorfes geschlichen und sich in die vorderste Bank möglichst nah an den Altar gesetzt – in dem unbestimmten Gefühl, hier vielleicht Frieden finden zu können.

Völlig überraschend war ihm und seiner Mutter eines Tages ein beträchtliches Erbe vermacht worden. Sofort war ihm klar gewesen: Mit diesem Geld würde er studieren, und zwar Theologie. Nur so würde er verstehen lernen, so war seine Hoffnung, was es mit dieser unbestimmten Sehnsucht auf sich hatte, die ihn immer wieder in die Nähe des Altars trieb.

Voller Erwartung hatte er das Studium begonnen.

Kapitel 12: SPRENGUNGEN

Das Ergebnis war ähnlich destruktiv wie meine Erfahrung mit dem theologischen Wälzer, den ich mir kurz nach meinem Durchbruchserlebnis zugelegt hatte. Anstatt seine ersten unbestimmten Ahnungen mit Substanz untermauert und vertieft zu sehen, musste er seinen Verstand in die Methoden der historisch-kritischen Hinterfragung all dessen zwängen, von dem er sich die Lösung seiner Suche nach dem Sinn des Lebens erhofft hatte.

Mittlerweile hat sich das Studium vermutlich wieder verändert, aber damals ging es offenbar weniger um die grundlegenden, letztlich so einfachen und doch so tiefsinnigen zentralen Aussagen des Evangeliums und darum, ihre Realität für das Leben hier und jetzt zu vermitteln. Vielmehr war es ein Versuch, die Bibel im vermeintlichen Anklang an die Naturwissenschaften akribisch zu sezieren. Dabei wurde sie anscheinend nur als rein historische Überlieferung betrachtet.

Das Ergebnis dieser von höchster professoraler Warte vermittelten Gelehrsamkeit war der Sigi, den ich damals kennen gelernt hatte, als ich selbst noch auf der Suche gewesen war: ein immer noch tief verzweifelter, zynisch gewordener Playboy.

Trotzdem war ihm offenbar noch ein Hoffnungsfunke erhalten geblieben. Wie gesagt, hatte ihn sein ausschweifendes Leben schließlich in eine lebensbedrohliche Situation gebracht. Mitten in tiefster Not bekam er eines Nachts plötzlich das Gefühl, von Jesus Christus gehalten und getragen zu werden, und machte eine ähnlich konkrete innere Erfahrung wie ich praktisch zeitgleich tausende Kilometer weiter westlich.

Es gab nur einen wesentlichen Unterschied zwischen uns beiden: Während ich durch Judith Feinman, John und die Mitglieder seiner lebendigen Gemeinde zahllose bestätigende und unterstützende Beispiele für diese neue Erfahrung hatte, war Sigi offenbar niemandem begegnet, mit dem er seine Erkenntnis hätte teilen können. Lange Zeit war ihm diese daher auch nicht ganz geheuer, zumal er sich nach wie vor der kritischen Haltung der Professoren gegenüber den zentralen Wahrheiten ausgesetzt sah, die seine neu gewonnene Sicht als Illusion abzutun drohte.

Unser Gespräch dort neben dem lärmenden Bagger schlug daher bei uns beiden gleichermaßen ein wie eine Bombe.

Für mich war es ein starkes Erlebnis, diesen Bekannten aus den alten alkoholgeschwängerten Zeiten als Freund auf der neuen Ebene wiederzufinden. Für ihn war ich der erste lebende Beweis, dass das, was da in seinem Inneren keimte, keine Illusion, sondern auch für andere eine erfahrbare Realität war.

Seit dieser Begegnung neben dem Bagger verbindet uns eine untrennbare Freundschaft, die vor allem auch geprägt ist von dem gemeinsamen Wissen um die Zeit «davor» und «danach».

Massiv gestärkt durch die neue Gemeinschaft, machte sich Sigi zunächst an den Abschluss seines Studiums. Allerdings hatte er ungeheuer viel versäumt, und es kostete einen wahren Kraftakt, das erste Staatsexamen zu bestehen. Wie bei angehenden Pastoren üblich, wurde er nach dem ersten Staatsexamen als Vikar eingesetzt, und er wurde ausgerechnet in den Nachbarort seiner Heimatstadt geschickt, wo ihn die Bevölkerung aus seiner früheren Zeit noch in völlig anderer Erinnerung hatte. Dort predigte er jetzt Jesus Christus. Da er das Leben «davor» bis hin in seine dunkelsten Ausprägungen bestens kannte, war er auf außergewöhnliche Weise befähigt, gerade auch Jugendlichen mit ähnlich festgefahrenen Lebensläufen zu helfen.

Große Sorge bereiteten ihm derweil die Vorbereitungen auf das zweite Staatsexamen. Bald wurde deutlich, dass er trotz seines scharfen Geistes das durch seinen Lebenswandel Versäumte in der zur Verfügung stehenden Zeit nicht mehr nachholen konnte. Seine weitere berufliche Laufbahn war ernsthaft gefährdet.

Jetzt begann für Sigi eine dieser markanten Phasen, die anscheinend jeder «bewusste» Christ immer und immer wieder durchlaufen muss. Sein Problem war nach menschlichem Ermessen praktisch nicht zu lösen. Anderseits waren ihm die vielen Zusagen der Bibel bestens bekannt, dass man sich um die Zukunft keine Sorgen machen und nur fest auf seinen gewaltigen Freund im Himmel vertrauen solle. Was aus der Spannung einer derartigen Situation logischerweise folgen musste, war eine Art geistliches Fitnessprogramm, in das ich durch meine neue Verbundenheit mit Sigi im gleichen Maße einbezogen wurde wie er.

War für mich die Gemeinschaft mit dem Erfinder dieses Lebens bislang eher eine statische Gewissheit, so war mit dieser Situation, die hier nur stellvertretend für eine Reihe ähnlicher Ereignisse angeführt ist, jetzt die Zeit für die dynamische Entwicklung einer tieferen Beziehung gekommen.

Ich lernte beten, zusammen mit Sigi.

Es war der Anfang eines neuen, langsamen, mühsamen, aber ungemein faszinierenden Lernprozesses im Zusammenhang mit dieser mir völlig ungewohnten Tätigkeit, die ich seit meiner Kindheit gar nicht mehr oder höchstens als Student stoßartig und angstgetrieben vor Prüfungen ausgeübt hatte. Ich lernte bald, dass diese Art zu beten wenig mit dem pauschalen Gebet für alles, für Familie, Großeltern, Nachbarn, sämtliche Arme und Kranke dieser Welt und den Frieden im Speziellen und Allgemeinen zu tun hat, bei dem die Überprüfung einer Erhörung meist kaum möglich und vor allem auch meist nicht explizit beabsichtigt ist.

Stattdessen machte ich eine neue Erfahrung, die im Neuen Testament zum Beispiel im Brief des Jakobus im fünften Kapitel mit dem Sprechen eines «ernsthaft gemeinten Gebetes» beschrieben ist. Offenbar sollte ich begreifen lernen, dass sich aufgrund des Gebetes dieses Winzlings, der ich bin, der unermessliche Schöpfer dieses gewaltigen Kosmos sozusagen höchstselbst herabbeugt und tatsächlich ganz bewusst ausgerechnet meinetwegen eingreift und etwas Spezielles tut. Etwas, das mir deutlich sichtbar als ein von Gott eigens aufgrund meines Gebetes gemachtes Geschenk erkennbar ist, wenn es geschieht.

Anscheinend soll so das Verständnis dafür vertieft werden, dass der Urheber dieses Daseins eine lebendige, bewusste Person ist und dass diese Person mich kennt, sich um mich sorgt und meinetwegen agiert.

Mit Gebeten, die nur vorsorglich gesprochen werden und deren Erhörung gar nicht sonderlich interessiert, deren Erfüllung nicht intensiv erwartet und vor allem dann auch kaum als solche wahrgenommen wird, ist es nicht getan. Es geht offenbar darum, dass der Mensch zu einem bewussten Zeugen werden soll, wie Gott eingreift. Wird die Erhörung kaum registriert oder letztlich doch nur als das Ergebnis normaler Umstände interpretiert, dann hat sie ihren Sinn verfehlt. Ist dies von vornherein die vage Erwartung des Ausgangs des Gebetes, so ist es keins.

Es handelt sich hier sozusagen um das biblische Pendant des Newton'schen Gesetzes von *actio et reactio*. Jesus sagte, dass jeder, der bittet, auch empfängt. Die *actio* ist das Bitten, die *reactio* das Geben seitens dieses unsichtbaren Gegenübers. Dessen lebendige Gegenwart soll durch die zyklische Wiederholung, mit der dieses Gesetz erprobt wird, immer weiter erschlossen werden.

Wie zu Beginn meines neuen Lebens, als ich in Gegenwart von John zum ersten Mal das aktive Handeln eines lebendigen Gegenübers verspürte, als ich meine Schuld bekannte und infolgedessen die Gewissheit verspürte, dass mein Gebet erhört worden war, so soll es offenbar in ständiger Vertiefung von Bitten und Empfangen weitergehen.

Vor diesem Hintergrund schienen die sogenannten Störfälle des Lebens eine ganz neue Bedeutung zu bekommen: Sie waren ein Ansporn, die Gemeinschaft mit Gott durch Gebet und Vertrauen weiter zu vertiefen – eine Erkenntnis, die sich im Laufe der Zeit immer mehr bestätigen sollte bis hin zu der Feststellung, dass letztlich alle Stürme des Lebens tiefer zum endgültigen Lebenssinn führen müssen, sofern sie im Vertrauen auf die Geborgenheit durch die höchste Instanz durchlebt werden.

Dabei scheint es oft nicht darum zu gehen, dass Gebete genau in der beabsichtigten Form erhört werden, sondern, wie gesagt, um die bloße Tatsache, dass sie erhört werden und dass diese Erhörung als solche, das heißt als Handeln des unsichtbaren Gegenübers, unmissverständlich wahrgenommen wird. So kann sich die Antwort auf ein Gebet offenbar genauso wie erhofft oder aber auch in einer anderen Form oder als ein sich plötzlich einstellender, nie vorher dagewesener tiefer Trost ohne zusätzliche äußere Manifestation einstellen. Entscheidend ist vor allem, dass die Erhörung als solche erfahren wird, in welcher Form auch immer sie sich letztlich erweist.

Sigi wusste, dass er nicht in der Lage war, das zweite Staatsexamen zu bestehen. Die Sorge vor dem heraufziehenden Desaster machte es ihm zusätzlich schwer, wenigstens noch den Versuch zu machen, den erforderlichen Stoff zu lernen, zumal sich durch diese Anspannung auch das alte Leiden wieder bemerkbar machte. Anderseits: Er musste jetzt diese Prüfung erfolgreich absolvieren.

Zwischen dieser Unabdingbarkeit und der Unmöglichkeit ihrer Realisierung stand die Zusage der Bibel: «Jeder, der bittet, empfängt.»[24]

Vorstoß ins Unbekannte

Der Moment war gekommen, in dem es hieß, aus dem Bisherigen herauszutreten und eine weitere Erfahrung mit dem großen Gegenüber zu machen. Gerade am Werdegang von Sigi habe ich im Laufe der Zeit immer wieder gesehen, dass diese Sackgassen-Zustände wie aus dem Nichts zustande kamen und er daraufhin auf sein Vertrauen auf die himmlische *reactio* geworfen war.

Durch die starke Verbundenheit mit meinem früheren Party-Bruder und nun auf einer geistlichen Ebene Verwandten fühlte ich mich, wie schon erwähnt, an diesem Prozess derart beteiligt, als wäre ich selbst betroffen.

Welch ein Unterschied zu den früheren Meditationspraktiken! Damals ging es mittels mentaler Techniken um die mühsame Annäherung an einen bezüglich meiner Probleme völlig indifferenten und unbeweglichen vermeintlichen Urgrund allen Seins. Nun war es das Ringen um die vertiefte Erkenntnis, dass wir in der Geborgenheit durch einen lebendigen und liebenden Schöpfer getrost alle Sorgen um die Zukunft unseres Lebens über Bord werfen können.

Dort die mühsame, psychisch unnatürlich-undurchsichtige Arbeit an der Konzentrationsfähigkeit des Geistes – hier ein fast natürlich anmutender Erziehungsprozess zu mehr Vertrauen in den, der das Leben am besten kennt.

Später fand ich in diesem Zusammenhang eine interessante Stelle in der Bibel. Im achtzehnten Kapitel des ersten Buches der Könige wird beschrieben, wie der Prophet Elia den Priestern der babylonischen Gottheit Baal eine Art Gebetswettkampf vorschlägt. Ein geopferter Stier soll auf einen steinernen Altar gelegt werden, und jede Partei soll dann ihren Gott anrufen, um Feuer vom Himmel regnen zu lassen und so den Stier als Brandopfer zu verbrennen.

Kapitel 12: SPRENGUNGEN

Die Baals-Priester machen den Anfang. Stundenlang tanzen sie um den Altar, ritzen sich blutig und rufen ihren Gott an, bis sie in Trance geraten. Hier wird durch Tanz eine mentale Fokussierung erzeugt, die starke Ähnlichkeit mit meinen früheren Meditationspraktiken zu haben scheint.

Aber es passiert nichts.

Dann lässt Elia seinen Altar mit dem Stier darauf vorbereiten und über alles noch mehrmals Wasser gießen. Im Unterschied zu dem lauten Rufen der Baals-Priester betet er nur einige wenige Sätze, von denen aber jeder eine entscheidende Bedeutung hat.

Zunächst spricht er Gott an als den Gott Abrahams, Isaaks und Jakobs, das heißt als den einen lebendigen und personenhaften Gott, den diese drei Personen des Alten Testaments hautnah als solchen kennen gelernt hatten. (Übrigens mag Blaise Pascal sich in seinen bereits erwähnten Notizen auf diese Stelle bezogen haben, als er nach seinem Durchbruchserlebnis schrieb: «Der Gott Abrahams, der Gott Isaaks und der Gott Jakobs – nicht der Philosophen und der Gelehrten!»)

Dann verweist Elia auf die Stellung seiner eigenen Person in Bezug auf diesen personenhaften Gott: Sein Leben ist ausschließlich auf den Willen Gottes ausgerichtet und in diesem Sinne in einer Wesensgemeinschaft mit Gott verankert.

Und schließlich bittet er um Erhörung mit der Begründung, dass dieser Gott das Ungeheuerliche erfahrbar machen solle: die Manifestation des lebendigen, handelnden Schöpfers des Weltalls im Hier und Jetzt.

Im Text heißt es dann weiter: «Da fiel das Feuer des HERRN herab und fraß Brandopfer, Holz, Steine und Erde und leckte das Wasser auf im Graben.»[25]

Im krassen Unterschied zu der auf eigener Anstrengung beruhenden Annäherung an eine indifferente Gottheit wird hier dargestellt, dass es um nichts weiter als die vertrauensvolle Verankerung des eigenen Lebens in Gott geht, der der Urgrund allen Lebens ist. Viel Reden ist dann nicht mehr nötig, denn die Anstrengung obliegt sozusagen nicht dem Beter, sondern Gott. Wie Jesus sagte: «Wenn ihr betet, sollt ihr nicht viel Worte machen wie die Heiden.»[26]

Auch wenn es hier um den Glaubensakt einer gewaltigen prophetischen Gestalt aus dem Alten Testament geht, der für uns vermutlich immer unerreichbar bleiben wird, ist die Lehre aus dieser Begebenheit auch für unsereins unübersehbar.

In späteren Zeiten sollte ich die tiefere Bedeutung dieser Aussage immer wieder neu buchstabieren lernen müssen. Es geht nicht um die Intensität oder Dauer des Bittens, sondern um etwas vollkommen anderes. Es geht wie bei Elia darum, eine innere Stellung in Bezug auf einen lebendigen und handelnden Gott einzunehmen: eine Stellung im Gleichklang mit dem Willen dieses Gottes, und eine Stellung, bei der man sich darüber bewusst ist, dass man hier auf etwas geradezu Unfassbares aus ist.

Zunächst schien mir diese Erkenntnis noch im Widerspruch zu der Geschichte von der unverschämten Witwe und anderen ähnlichen Gleichnissen Jesu zu stehen, aus denen offenbar doch hervorgeht, dass man mit höchster Anstrengung bitten soll, wenn man erhört werden will. Aber nach und nach wurde mir klar, dass dies wohl damit zu tun hat, dass der zweite Aspekt der genannten Stellung vor Gott sonst zu kurz kommen könnte:

Man wäre sich der Außergewöhnlichkeit, dass die höchste Instanz tatsächlich eingreift, nicht hinreichend bewusst, um dieses Eingreifen als solches richtig wahrzunehmen. Man wartete nur halbherzig auf eine Gebetserhörung, so dass man sie dementsprechend, wenn sie eintrifft, kaum erkennen oder auf

Kapitel 12: SPRENGUNGEN

andere Faktoren zurückführen würde. Weil, wie oben schon angesprochen, dadurch der tiefere Zweck einer Erhörung verfehlt würde, bleibt sie aus.

Daher ist zumindest meiner Erfahrung nach dieses «unverschämte» Bitten oft noch nötig: Es ist nicht etwa erforderlich, damit Gott endlich aufwacht, sondern es schärft unser Bewusstsein dafür, dass das Unermessliche geschehen soll, dass es der Urheber allen Seins ist, dessen Handeln man als winzige Kreatur erwartet. Diese Bewusstheit eines Vorganges, der einem bei genauer Betrachtung mitunter durchaus fast unheimlich vorkommen kann, hat dann offenbar auch eine unmittelbare Rückwirkung auf den ersten der beiden genannten Aspekte der Stellung des Beters: Stärker als zuvor richtet er sein Leben nach dem Willen Gottes aus.

Lange Zeit war mir unbegreiflich, wieso die Bibel immer wieder von der Furcht des Herrn als Beginn aller Weisheit spricht.[27] Eines Tages begann ich zu verstehen, dass wohl diese Bewusstheit gemeint sein muss, dass man es mit dem Unermesslichen zu tun hat.

In dieser Zeit, in der Sigi seinem zweiten Staatsexamen entgegenzitterte, machte ich die Bekanntschaft eines Pastors, eines promovierten Theologen, der ebenfalls ein «bewusster» Christ war, und sprach ihn auf die Probleme an, die die moderne Theologie einem gläubigen Christen machen könne. Beiläufig erwähnte ich auch meinen Freund Sigi, seinen Werdegang und seine Nöte mit diesem Lehrstoff.

Was ich nicht wusste: Dieser Pastor wohnte ganz in der Nähe des Ortes, in dem Sigi sein Vikariat absolvierte. Wenige Wochen später klopfte es an die Tür des Pfarrhauses, und es stellte sich ein Dr. S. mit der Ankündigung vor, dass er gekommen sei, Sigi auf das zweite Staatsexamen vorzubereiten.

Sigi war sprachlos.

Während aus meiner Sicht zumindest eine gewisse kausale Kette der Ereignisse zu erkennen war – abgesehen von dem «Zufall», genau zum richtigen Zeitpunkt einen promovierten Theologen kennen gelernt zu haben, der ausgerechnet in der Nähe von Sigi wohnte, und dass dieser sich dann völlig unerwartet und unaufgefordert entschloss, Sigi zu helfen –, war für Sigi dieses Ereignis gänzlich überraschend. Denn ich hatte nicht den geringsten Anlass gesehen, ihm vor diesem Besuch von meiner Begegnung zu erzählen. Auch hatte ich keinerlei Kenntnis davon, dass Dr. S. sich dazu entschließen würde, Sigi zu helfen.

Es war ein Beispiel jener typischen Momente, in denen das Leben für immer verändert wird und man sicher ist, dass man es tatsächlich mit dem Schöpfer allen Seins zu tun hat. Diese Augenblicke, mit ihren speziellen Vorgeschichten und Randbedingungen, die mir manchmal wie absichtlich konstruiert vorkommen, sollten fortan auch mein neues Leben bestimmen.

Nach mehreren Wochen härtesten Repetitoriums unter der strengen Anleitung dieses Pastors ging Sigi ins zweite Staatsexamen und bestand.

Neuorientierung

Anhand dieser und ähnlicher «Ersterlebnisse» in meinem neuen Leben wurde mir jetzt erst so richtig bewusst, dass etwas eingetreten war, was ich vorher nie für möglich gehalten hätte.

Ich war offenbar wirklich ein «bewusster» Christ geworden! Zumindest was meine frühere, irrige Vorstellung von einem Christen als meist ältlichen, dem realen Leben eher etwas ferner stehenden, beflissenen Kirchgänger betraf, fühlte ich mich ganz und gar nicht als solcher, schon gar nicht als ein sogenannter «frommer Christ» im Sinne meiner damaligen ebenso klischeehaften wie falschen Vorstellung von einem devoten, sich in religiösen Ritualen ergehenden, alles klaglos hinnehmenden und meist bedrückt daherkommenden Menschen.

Ich sah mich als einen ehemals nach dem Sinn des Lebens Suchenden, dem das unerhörte Privileg zuteilgeworden war, ohne jeden inneren Zweifel das Gesuchte gefunden zu haben. Von dieser Erkenntnis beflügelt, konnte ich mich mit einer ganz neuen Vitalität und Lebensfreude ins Dasein stürzen.

Ähnlich erging es Sigi. Getragen von dieser Erkenntnis wurde er bald ein begnadeter Pastor, heiratete, bekam eine wunderbare Familie und war bis zu seiner Pensionierung und darüber hinaus allseitig in den Gemeinden beliebt, in denen er seinen Dienst tat. Und doch wurde gerade er immer wieder, häufig auf geradezu dramatische Weise, mit schier unüberwindlichen Herausforderungen für seinen Glauben konfrontiert, die aber ebenso oft eine wunderbare Auflösung fanden und ihn dadurch letztlich immer tiefer in das unumstößliche Wissen hineinführten, dass er das Endgültige gefunden hatte.

Natürlich hatte auch mein Fund des Schatzes, wie nicht anders zu erwarten war, bei mir eine neue Orientierung meines Lebens bewirkt, die sich auch in äußeren Verhaltensweisen zeigte. In diesem Kontext sah ich mich zusehends – zusätzlich zu meiner Freundschaft mit Sigi – in eine Gemeinschaft ähnlich denkender und handelnder Menschen versetzt, die mit meinen vorherigen Vorurteilen in Bezug auf die Christen und auf das Christsein auf das Gründlichste aufräumten.

Wie in einem der vorigen Kapitel schon angedeutet, begann ich, meine Mitmenschen anders zu sehen, sie mehr zu respektieren und ehrlich mit ihnen umzugehen. Dies galt auch mir selbst gegenüber, so dass ich es zum Beispiel zum Entsetzen meiner früheren Freunde längere Zeit vermied, mir die Freude an der neuen, noch ungewohnten, kristallklaren inneren Befindlichkeit durch die vernebelnde Wirkung auch nur winzigster Mengen Alkohols zu verderben.

Unumkehrbar war auch mein Entschluss, unter allen Umständen immer in der Wahrheit zu bleiben. Wenn mir dies einmal nicht gelang, tat es mir bitterlich leid. Doch der durch die Vergebung ermöglichte Neuanfang ließ mich immer wieder neu in dieses klare Leben eintauchen.

Wie selbstverständlich zog es mich jetzt auch in die Gottesdienste, wobei ich allerdings zuerst Mühe hatte, solche zu finden, in denen Liturgie und Predigt die zentralen Inhalte des Evangeliums unterstrichen bzw. verkündeten und nicht im Vorfeld der christlichen Ethik stecken blieben.

Einen unglaublichen Eindruck machten auf mich dagegen sofort die Aufführungen der Musik von Johann Sebastian Bach zu Ostern oder Weihnachten in den verschiedenen Kirchen der Stadt. Es dauerte nicht lange, bis ich den Grund hierfür herausgefunden hatte: Bach war auch einer von denen, deren Leben und Schaffen von der Gewissheit der Gemeinschaft mit Gott getragen war. Ich las, dass Bach manchmal sogar den Namen «Jesus Christus» quer über seine Partituren geschrieben haben soll.

Auch wenn mir in meinem Verhalten nichts ferner lag als irgendeine Art von Frömmelei, wurden diese Veränderungen doch von den meisten meiner früheren Bekannten mit Argwohn beäugt. Allmählich verloren sich viele meiner bisherigen Beziehungen, und zwar umso mehr, als sich nun eine Entwicklung anbahnte, die ich früher nie für möglich gehalten hätte.

Immer mehr erkannte ich nämlich, wie viele Studenten – genauso wie ich noch vor einem Jahr – ernsthaft auf der Suche waren. Aber niemand war da, ihnen die wirklich entscheidenden Hinweise zu geben. Stattdessen sah ich, wie sie zum größten Teil diese Suche aufgaben und in die Resignation und ein unverstandenes Allerwelts-Wühlmausdasein abdrifteten oder ihre Hoffnungen den Verlockungen der Drogen oder den Parolen der damals gerade in Deutschland einsetzenden Studentenrevolte auslieferten.

Was die liebe Judith Feinman mir vor noch nicht allzu langer Zeit in meiner Sprachschule in San Diego gesagt hatte: «Albrecht, was du suchst, habe ich, aber du hast es noch nicht», das konnte ich jetzt in Bezug auf diese Studenten sagen, und es begann, mir weh zu tun.

So kam es, dass ich etwas tat, das meinem Wesen eigentlich völlig widersprach: Ich erbat mir vom örtlichen CVJM die Nutzung eines Raumes und begann, nachts Plakate aufzuhängen, auf denen ich einmal in der Woche zu Gesprächsabenden einlud. Außerdem begann ich Flugblätter zu entwerfen und eigenhändig am Eingang der Mensa am Wilhelmsplatz zu verteilen.

Bei der Erstellung der Texte versuchte ich mir immer wieder vorzustellen, was mich angesprochen hätte, wenn ich diese Texte damals, als noch Suchender, zu lesen bekommen hätte. Insbesondere verwies ich auf die im Vergleich zu den üblichen Klischees so ganz andersartige Bedeutung der Person Jesu Christi. Ich wusste, dass damit die Richtigen den Weg zu mir finden würden.

Zufällig fand ich einen christlichen Druckereibesitzer, der Plakate und Flugblätter umsonst druckte und das mit ausgesprochenem Vergnügen tat, denn außer diesen gab es in der ganzen Stadt nur Plakate und Flugblätter der diversen, meist aggressiven, ideologischen Gruppierungen. Ein noch vorhandenes Beispiel dieser mühsam mit Schreibmaschine geschriebenen Flugblätter habe ich im Folgenden abgetippt:

Naturwissenschaft und Glaube

Das Kernproblem jedes Menschen und der Menschheit insgesamt besteht laut Bibel darin, dass der Mensch Veränderliches, Anfechtbares oder Unsicheres schon zum höchsten Inhalt seines Lebens, sozusagen zum Gott, gemacht hat, denn nun muss er diesen wackeligen Gott in ständiger Alarmbereitschaft umkreisen und zu seiner Sicherung andere wegdrücken, unterdrücken oder ausbeuten, und weder er noch seine Umgebung kommen so jemals zur Ruhe und zur Erfahrung des eigentlichen Sinns ihres Daseins.

Ganz offensichtlich ist eine echte Lösung nur dadurch zu erreichen, dass an die Stelle des Veränderlichen – und das ist im Prinzip die ganze Schöpfung – als höchster Lebensinhalt etwas tritt, was außerhalb der Schöpfung steht, und das könnte nur der Schöpfer sein ... falls vorhanden!

Bis hierher ist die Argumentation der Bibel i.A. gut einsichtig, aber genau an diesem entscheidenden Punkt der Existenz des Schöpfers wenden viele sich resi- oder indigniert ab. Und dafür gibt es meist zwei gute Gründe:

a) Die Naturwissenschaft widerlegt die Existenz Gottes, oder
b) man sieht nichts von Gott, er ist nicht real, nicht greifbar.

Erfreulicherweise ist es nun gerade die moderne Naturwissenschaft, die über diese Schwierigkeit hinweghelfen kann. Erst in neuerer Zeit hat man eigentlich so richtig begriffen, dass alle Naturwissenschaft nie etwas anderes sein kann als nur eine reine Beschreibung vorgegebener Gesetze bezüglich vorgegebener Dinge – über die Vorgegebenheit dieser Dinge kann sie keine Aussagen machen:

Selbst wenn der Mensch (was allerdings mit dem zweiten Hauptsatz der Thermodynamik im Widerspruch stünde) Zufallsprodukt von Materie und Energie wäre – wo kommt denn diese Materie und diese Energie her?

Oder wo kommt die Sonne her, diese H-Bombe, die da im Kosmos hängt und jede Sekunde 2 Millionen Tonnen Materie und Energie ins Weltall donnert? Und dieser Erdklumpen, auf dem wir ständig um diesen kosmischen Ofen herumreiten?

Ein ehrliches Durchdenken dieser Fragen kann ohne weiteres zu einer sachlich fundierten Neutralisierung des ersten Einwandes führen.

Für die Überwindung der zweiten Schwierigkeit bietet sich eine Analogie aus der Physik an: Hätten die Physiker nur das für real gehalten, was sie sehen konnten, so hätten wir heute weder Röntgenröhren noch Radios oder Fernsehen. Denn wenn man das ganze Spektrum der heute allgemein verwendeten elektromagnetischen Wellen durch ein Band von 500 km Länge darstellen würde, dann ist der für das Auge sichtbare Bereich auf diesem Band nicht länger als ein Millimeter! Was außerhalb dieses Bereiches alles passiert, bekommen wir nie zu sehen!

Der Mensch ist tatsächlich fast vollständig blind!

Aber die Physiker hielten nicht nur das für real, was sie sahen, sondern suchten im Vertrauen auf deren Existenz auch nach Wellen im Unsichtbaren – und fanden sie auch, und zwar in dem Moment, wo es ihnen gelang, gewisse Apparaturen mit diesen Wellen in Resonanz zu bringen.

> Und hier hat man gleich eine zweite Analogie. Die Bibel sagt: In dem Moment, wo ein Mensch mit der Qualität Gottes in Resonanz kommt, wird er zu einem tiefen Wissen um Gott kommen und ihn als das wirkliche höchste Lebensziel erkennen können. Die Resonanzbedingung ist dabei, dass man bekennt, dass die bisherigen Lebensinhalte immer wieder zu Egoismus, zu Indifferenz gegenüber dem Leid anderer und zu Unrecht führen und dass man die Vergebung dieses Unrechts, die Gott ja anbietet, für sich persönlich in Anspruch nimmt – in konkreter, im Gebet geäußerter Entscheidung.
>
> Das ist tatsächlich der einzige Weg zu einer wirklichen Anerkennung der vollkommenen Qualität Gottes und damit zur Resonanz mit ihm.
>
> Bitte, weisen Sie diese Dinge nicht unreflektiert von der Hand. Schauen Sie in das Neue Testament, da finden Sie alles noch viel besser dargestellt.
>
> Jeden Donnerstagabend veranstalten wir (eine Gruppe von Studenten und Berufstätigen) zu diesem Thema auch Vorträge, zu denen Sie herzlich eingeladen sind (Bürgerstraße 13, 20 Uhr).

Nie werde ich den Moment vergessen, als ich in der Mensa neben zwei Kommilitonen saß, die gerade ihre gewaltgeschwängerten Spartakisten-Pamphlete verteilt hatten und nun jeder für sich mein Flugblatt durchlasen.

Einer der beiden durchbrach schließlich das Schweigen mit den Worten: «Das ist ja eine ganz heiße Sache!»

In diesem Flugblatt, das mir leider nicht mehr vorliegt, stand sinngemäß etwas über die Aussichtslosigkeit eines gewaltsamen Engagements für ein Dasein, dessen eigentliche

Bedeutung noch zutiefst unverstanden ist. Erst müsse der wahre Sinn des Lebens erfahren werden, dann dürfe man sich ganzheitlich engagieren. Der Zugang hierfür sei Jesus Christus.

Ich hatte recht behalten. Wenn man die eigentliche Bedeutung des Christseins mit nüchternen Worten anspricht, verstehen die Menschen und kommen. An den Abenden war der Raum meist bis auf den letzten Platz besetzt. Zunächst waren es nur Studenten.

Jeder Abend bestand aus einer Art Seminarvortrag, den ich eingangs hielt, und einer anschließenden Diskussion. Den genauen Inhalt dieser Vorträge habe ich längst vergessen, aber sie kreisten wohl immer um die Suche nach dem Sinn des Lebens, um die verschiedenen Wege dieser Suche, sie enthielten sicher auch Zusammenfassungen meiner eigenen Expedition und ihrer vielen Irrwege und mündeten immer in dem Hinweis auf die einzig gültige Lösung, so wie ich sie erlebt hatte: Der Durchbruch zu einem konkret erfahrbaren Leben in der Gemeinschaft mit dem Erfinder des Lebens wurde durch die von Jesus Christus erwirkte Vergebung der Schuld ermöglicht, die ich infolge eines Lebens auf eigene Faust, ohne diesen Erfinder, an mir selbst und anderen angehäuft hatte.

Nach zwei Stunden war offiziell Schluss, aber häufig unterhielt ich mich noch bis weit in die Nacht mit Interessierten. Und es blieben viele länger. Sie wollten diesen Zugang haben, von dem ich gesprochen hatte, und so sah ich mich plötzlich unbeabsichtigt in die gleiche Situation versetzt wie damals mit John. Nur war ich diesmal derjenige, der den Suchenden zu dem entscheidenden Gebet verhalf und ihnen anschließend die mittlerweile ebenfalls reichlich zerfledderte Bibel hinhielt mit den gleichen Worten, die ich damals in San Diego vernommen hatte: «Das musst du essen.»

Mit ganz wenigen Ausnahmen, aber jeweils auf völlig unterschiedliche Art und Weise, erfuhren diese Kommilitonen alle früher oder später den gleichen Durchbruch zum Endgültigen, wie ich ihn auf meinem Spaziergang in La Jolla wenige Monate zuvor erlebt hatte. Zum Teil waren es sehr bewegende Lebensgeschichten, die sie bis zu diesem entscheidenden Punkt geführt hatten. Nicht selten war das Ende dieser ganz unterschiedlichen, individuellen Expeditionen zum Ursprung gepaart mit ähnlich intensiven Glücksgefühlen, wie ich sie an jenem denkwürdigen Nachmittag an der Tankstelle in San Diego gehabt hatte.

Allmählich gesellten sich zu der ständig anwachsenden Gruppe von Studenten in den abendlichen Veranstaltungen aber auch Menschen mit Lebensläufen, von denen ich bis zu diesem Zeitpunkt noch nicht einmal ahnungsweise Kenntnis gehabt hatte.

Mitten in dieser gutbürgerlichen Stadt gab es Menschen, die in unsäglichem innerlichen und äußerlichen Unrat lebten, sich in einer mir vorher völlig unbekannten Unterwelt verstrickt hatten, psychisch erkrankt waren oder massiv an den Folgen des Drogenkonsums litten.

Ich muss zu meiner Schande gestehen, dass mir von meiner ursprünglichen Erziehung, meiner Ausbildung und meiner Vorstellung meines zukünftigen Werdegangs her nichts ferner lag, als mich auch nur ansatzweise mit diesen Schicksalen zu beschäftigen.

Doch nun sah ich mich in eine Situation versetzt, wo ich aus einem plötzlich erwachenden ureigensten Antrieb helfend eingreifen wollte und es auch vermochte. Sozusagen im Namen und im Dienst und vor allem mittels der Kraft der Worte Jesu Christi konnte ich Hilfestellungen geben, die mich in ihren erstaunlichen Auswirkungen und manchmal auch aufgrund einer gewissen Ähnlichkeit mit Berichten aus den Evangelien über Befreiungen von Gebrechen und Bedrückungen zutiefst überraschten. In fast allen Fällen hatten sie ein bis heute andauerndes, völlig erneuertes, gutes Leben der Betroffenen zur Folge.

Auf Details dieser Erlebnisse könnte eines Tages an anderer Stelle eingegangen werden – wichtig erscheint mir im Moment vor allem die Feststellung, dass mein Leben mehr und mehr von einer neuen, mir bis dahin noch unbekannten Motivation angetrieben wurde. Ich begann, gewisse Handlungen zu unterlassen; anderseits wollte ich jetzt von mir aus Dinge tun, die mir vorher niemals eingefallen wären und die zum Teil im krassen Widerspruch zu meinen früheren Vorstellungen von meinem Werdegang standen.

Es bricht sich Bahn

Es dauerte eine ganze Weile, bis ich die wahre Triebfeder dieser unerwarteten Neuorientierung identifiziert hatte: Dankbarkeit – und die allmählich einsetzende Erfahrung eines sinnerfüllten Lebens, im endgültigen Sinne des Wortes.

Dankbarkeit für das Geschenk der Gewissheit, dass ich durch die Vergebung mit der höchsten Instanz ins Reine gekommen war, und Dankbarkeit für die immer tiefer Platz greifende Erkenntnis, dass mein Leben, mein eigentliches Sein, indem es in diese Stellung zur höchsten Instanz gelangt war, unzerstörbar ist.

Lebenssinn dadurch, dass ich Schritt für Schritt begann, im Einklang mit dieser höchsten Instanz zu handeln. Ich erfuhr, dass Handlungen im Sinne und mit dem Einvernehmen Gottes das Bedürfnis nach Lebenssinn auf eine eigentümliche Art endgültig stillen können – im Unterschied zu Handlungen nach ausschließlich selbst gemachten Vorstellungen und Maßstäben. Die Aussage Jesu: «Wer von dem Wasser trinkt, das ich ihm gebe, wird nimmermehr dürsten», findet hier offenbar ihre empirische Entsprechung.

Allmählich erschloss sich mir aber noch ein tieferer Beweggrund des neuen Lebens, der mir letztlich das eigentliche Wesen des Christseins auszumachen scheint. Bei genauerer Betrachtung zeigte sich nämlich, dass meine neue Orientierung eigentlich weniger einem bloß pflichtschuldigen Verhalten aus Dankbarkeit entsprang, weil ich beschenkt worden war, oder einem Streben nach größtmöglicher Befriedigung und Sinngebung meines Handelns, sondern eher und letztlich ausschließlich einem neuen inneren Wesen, das sich in mir bis heute unaufhörlich Bahn bricht.

Dieses Wesen entspringt einem tief empfundenen Zugehörigkeitsgefühl zu Gott, vergleichbar mit dem Verhältnis eines Kindes zu seinem Vater. Handeln im Sinne Gottes geschieht nun eher instinktiv, aus natürlichem und ureigenstem Wollen, weil man sozusagen zu der Familie dieses Vaters dazugehört.

Wie schon erwähnt, versuchte Jesus diesen Zustand einem der führenden Schriftgelehrten seiner Zeit mit den Worten zu erklären:

«Wenn jemand nicht von Neuem geboren wird, so kann er das Reich Gottes nicht sehen.»[28]

In der Tat scheint mir dieser Zugang zum Reich Gottes, zu dem Bereich also, in dem Leben in Gemeinschaft und im Sinne des Erfinders des Lebens abläuft, durch eine Art Neugeburt des inneren Wesens bewerkstelligt zu werden. Leben im Einklang mit Gott ist ein sozusagen angeborenes, natürliches und nicht angelerntes oder aufgezwungenes Bedürfnis.

Hierin liegt auch die Antwort auf den Vorwurf, der Christen mitunter gemacht wird: Ihr Glaube an Vergebung und ein ewiges Leben könne sie jeglicher Eigenverantwortung entheben und damit Tür und Tor für ein berechnendes Handeln ohne Skrupel und Normen öffnen. Durch ihre Überzeugung, dass ihnen die Vergebung sicher ist, sei ihnen prinzipiell alles erlaubt.

Aus einer rein verstandesmäßigen Perspektive mag dieser Vorwurf auf den ersten Blick eine gewisse Berechtigung haben. Aber schon eine rationale, tiefere Betrachtung könnte bereits einen anderen Schluss nahelegen, wenn nämlich berücksichtigt wird, dass der Christ beansprucht, tatsächlich mit nicht weniger als dem Schöpfer dieses Weltalls in Berührung gekommen zu sein. Die Ungeheuerlichkeit dieser Tatsache, verbunden mit der durch Jesus am Kreuz unmissverständlich gemachten Aussage dieses Schöpfers, dass er auf Sünde nur mit Gericht antworten kann, verbietet von sich aus bereits jeglichen mutwilligen «Missbrauch» der Vergebung.

Wie beschrieben, liegt die eigentliche Beantwortung des genannten Vorwurfes aber auf einer völlig anderen als auf dieser rationalen Ebene. In dem Moment, wo die durch Jesus Christus am Kreuz bewirkte, vor der allerhöchsten Instanz gültige Vergebung der Schuld angenommen wird, scheint im Menschen eine neue grundsätzliche innere Orientierung, ein neues Wesen zu entstehen, das nicht anders kann, als den Willen Gottes tun zu wollen. Dies ist die eigentliche Basis des neuen Lebens, bei dem selbst der Gedanke an ein berechnendes Verhalten schlichtweg nicht mehr vorkommt.

Anderseits musste ich aber auch durchaus zu meinem Leidwesen feststellen – und der Grund hierfür gehört wohl zu den für uns nicht zugänglichen Geheimnissen dieses Gottes –, dass das alte Wesen mit seinen selbstbezogenen Vorstellungen und Wünschen nicht sofort erlischt, sondern mit dem neuen Wesen zunächst koexistiert und vor allem auch konkurriert. Immer wieder sah und sehe ich mich vor die Wahl gestellt, in meinem Verhalten entweder in der Kraft des «alten» oder der des «neuen» Menschen zu handeln.

Ich musste zur Kenntnis nehmen, dass ich als frischgebackener Christ trotz der Verfügbarkeit dieser neuen Kraft in meinen Entscheidungen immer noch frei geblieben war und immer wieder in ein ausschließlich selbstbestimmtes und damit selbstbezogenes Handeln verfallen konnte. Dadurch konnte ich an mir oder anderen, am Leben und damit am Erfinder des Lebens immer wieder schuldig werden – und musste dementsprechend die Vergebung immer wieder neu in Anspruch nehmen.

In der nicht ganz einfachen Ausdrucksweise der Bibel liest sich die Charakterisierung des neuen Wesens zum Beispiel im ersten Brief des Johannes folgendermaßen: «Wer aus Gott geboren ist, der tut keine Sünde; denn Gottes Kinder bleiben in ihm und können nicht sündigen.»[29]

Immer mehr entsprach diese Aussage auch meiner Erfahrung: Um im Sinne Jesu zu handeln – zum Teil auch im Widerspruch zu früheren Vorstellungen oder momentanen Wünschen und sogenannten Versuchungen –, ist nicht etwa eine die Zähne zusammenbeißende Selbstdisziplin gefragt, sondern lediglich ein glaubendes «Umschalten» auf die neue Zugehörigkeit. Im Moment dieses Umschaltens kommt die Dynamik jeder Versuchung wie von alleine zum Erliegen.

Es ist wie beim Skilaufen auf einer steilen Piste. Den Entschluss, sich zu überwinden und die Skispitzen gen Tal zu drehen, muss man selber treffen; der eigentliche Schwung kommt dann jedoch von alleine.

Auf gleiche Weise – und wie mir scheint: nur auf diese Weise – wird man nicht nur dazu befähigt, Versuchungen zu überwinden, sondern auch, sein Verhalten immer mehr hin zum Erfinder unseres Lebens zu verändern, auch wenn dies aus der Sicht des «alten» Lebens eher utopisch erscheint, wenn man zum Beispiel die Aufforderungen ernst nimmt, sich absolut keine Sorgen zu machen, sich niemals zu fürchten, auch den als Menschen und Geschöpf Gottes wirklich zu lieben, der einem Unrecht tut, und so weiter.

Anderseits steht in demselben Brief: «Wenn wir sagen, wir haben keine Sünde, so betrügen wir uns selbst, und die Wahrheit ist nicht in uns. Wenn wir aber unsre Sünden bekennen, so ist er treu und gerecht, dass er uns die Sünden vergibt ...»[30]

Das ist die angesprochene Dialektik, die meiner Erfahrung entsprach und entspricht: Es gibt diese Momente, in denen man noch in seiner alten Natur lebt, mit all den subtilen oder expliziteren negativen Konsequenzen, sei es, dass man jemandem seine Hilfe verweigert, die Unwahrheit sagt, seiner Wut freien Lauf lässt, sich über einen längeren Zeitraum der zweifelhaften Lust gedanklicher Rachefantasien hingibt, abfällig über andere spricht, sich kleine Unregelmäßigkeiten in Geld-Angelegenheiten zugesteht oder Ähnliches und Schlimmeres.

Bei genauerer Betrachtung stellt sich dabei immer heraus, dass das «Umschalten» deswegen nicht geschieht, weil man es in solchen Momenten wider besseres Wissen tatsächlich nicht will. Obwohl ein Christ also Zugang zu einem Leben aus der Kraft der höchsten Instanz hat, kann es passieren, dass er diesen Zugang eine Zeitlang bewusst ablehnt. Es sind diese Momente und ihre nachträgliche schmerzliche Reflexion, in denen der Christ tiefere Einblicke in die Abgründe seines eigenen Seins und daraus letztlich in die der ganzen Menschheit gewinnt.

Bald erkannte ich aber auch, dass es noch eine subtilere Form der Ablehnung des «neuen» Wesens gab: Man konnte zwar versuchen, den von Jesus vorgegebenen neuen Verhaltensnormen in bester Absicht zu entsprechen, dies aber in der Kraft des «alten» Lebens tun.

Gemeint ist hier, dass man sich selbst eisern diszipliniert und beispielsweise das Gebot der Feindesliebe widerwillig, auf eigene Faust, als eigene Leistung, umzusetzen versucht.

Es klappt nicht. Vielleicht äußerlich, aber nicht im Einklang von innen und außen.

Ich erkannte, dass derartige Versuche letztendlich mit meinen früheren Bemühungen gleichzusetzen waren, sich dem Endgültigen aus eigener Kraft, etwa mit Meditationstechniken oder anderen bewusstseinsfokussierenden Mitteln, zu nähern. Denn ich verkannte dabei, dass die begrenzten Möglichkeiten des Geschöpfes im Licht des Schöpfers nie ausreichen können und jegliche Versuche dieser Art letztlich als ungeheuerliche Hybris zu bezeichnen sind. Es zeigte sich, dass ich meine große Expedition, auf der ich gelernt hatte, dass ich aus meiner eigenen, begrenzten Kraft nicht das Unbegrenzte erreichen konnte, im Kleinen ständig wiederholen musste.

Insofern stellte sich heraus, dass mein neu entdecktes Leben mir nicht als fertiges Produkt wie das Steuerungsprogramm eines Roboters serviert worden war, sondern als reales Leben, dessen Verlauf aus einer kontinuierlichen Kette von persönlichen Entscheidungen zwischen dem eigenen, opportunistischen Gutdünken besteht und dem ganz anderen, absoluten Maßstab, zwischen dem Begrenzten und dem Unbegrenzten, dem Endlichen und dem Unendlichen. Entscheidungen, die zwar mitunter immer wieder auf das falsche Pferd setzen, aber doch allmählich in Richtung des neuen Lebens tendieren, so dass sich das Neue immer weiter Bahn bricht.

Und das neue Leben bricht sich seine Bahn.

Ich stellte und stelle fest: Trotz aller Höhen und Tiefen meines Lebens in den Jahren nach dem Beginn in La Jolla, trotz aller Irren und Wirren, trotz der Stürme und neuerlichen Schuld an anderen Menschen und weiterer höchst schmerzlicher Fehler der Vergangenheit und auch der Gegenwart – Fehler, vor denen ich ganz sicher auch in meinem zukünftigen

Kapitel 12: SPRENGUNGEN 193

Leben nicht gefeit bin – bricht es sich unaufhörlich seine Bahn, unumkehrbar.

Es bricht sich seine Bahn. Weil ein Größerer es so will.

Jesus sagte einmal über die, die sich ihm anvertrauten und noch anvertrauen würden: «Mein Vater, der mir sie gegeben hat, ist größer als alles, und niemand kann sie aus der Hand meines Vaters rauben.»[31]

Das war zu einer konkreten Erfahrung geworden.

Sie markierte das Ende meiner Expedition und den Anfang einer neuen Dimension und Dynamik meines Daseins.

Kapitel 13:
DIE LOGIK DES ENDGÜLTIGEN

«Ich habe Gott, der doch im Himmel sein soll, dort nirgendwo vorgefunden.»

Dieser Ausspruch Juri Gagarins, des ersten Menschen im Weltall, war offensichtlich ideologisch geprägt. Aber ungewollt verbirgt sich hinter dieser Aussage möglicherweise doch eine geheime Hoffnung vieler Menschen. Es ist die Hoffnung, dass man Gott, wenn es ihn denn geben sollte, doch irgendwie zu Gesicht bekommen müsste, wenn man nur weit genug hinaus in den Kosmos gelangen könnte.

In anderer Form findet diese Hoffnung zum Beispiel im Judentum oder im Islam ihren Niederschlag, wo man bemüht ist, statt in das Universum vorzudringen, sich durch gute Taten und die Einhaltung religiöser Riten des Wohlwollens eines Schöpfers und seiner Gemeinschaft in einem jenseitigen Paradies zu versichern.

In weitaus subtilerer Art und Weise gibt es diese Hoffnung in der Variante, dass mit diesem Universum nicht das Weltall, sondern der Kosmos der eigenen Psyche oder des eigenen Geistes gemeint sein könnte, in den man mit den Methoden der Meditation oder mittels Drogen einzudringen versucht, um dort den Urgrund allen Seins in einer gewaltigen Schau oder in einem einzigen, plötzlichen Erleuchtungserlebnis wahrzunehmen. Dann könnte man in der Verschmelzung mit dem Endgültigen in ein erlöstes Leben eingehen, befreit von allem «Anhaften» und Leiden, wie es etwa die buddhistische Lehre nahelegt. Diese Hoffnung war und ist die Antriebsfeder vor allem der fernöstlichen Religionen, aber auch vieler Anhänger christlich geprägter Versenkungstechniken heutzutage.

Auf der anderen Seite des Spektrums gibt es diejenigen, die wie der Biochemiker, Molekularbiologe und Nobelpreisträger Jacques Monod konstatieren, dass der Mensch als Zufallsprodukt ohne einen Gott oder tieferen Urgrund allein ist in der teilnahmslosen Unermesslichkeit des Universums.

«Nicht nur sein Los, auch seine Pflicht steht nirgendwo geschrieben. Wenn er diese Botschaft in ihrer vollen Bedeutung aufnimmt, dann muss der Mensch endlich aus seinem tausendjährigen Traum erwachen und seine totale Verlassenheit, seine radikale Fremdheit erkennen. Er weiß nun, dass er seinen Platz wie ein Zigeuner am Rande des Universums hat, das für seine Musik taub ist und gleichgültig gegen seine Hoffnungen, Leiden oder Verbrechen.»[32]

Sozusagen in der Mitte dieses Spektrums steht der Teil der Menschheit, der angesichts der scheinbar unauflösbaren Rätselhaftigkeit des Daseins und der Mühsal des täglichen Lebens die Frage, ob es einen Sinn, einen Gott, einen Urgrund oder nur einen blinden Zufall gibt, weitgehend als unbeantwortbar und für das konkrete Leben als irrelevant abgetan hat.

In letzter Konsequenz scheint all diesen Anschauungen implizit oder explizit eines gemeinsam zu sein: die Annahme, dass es sich bei dem, was man vielleicht – um all diesen Richtungen gerecht zu werden – als «auslösende Bedingung alles Geschaffenen» bezeichnen sollte, um etwas handelt, das sich völlig indifferent gegenüber der Schöpfung und insbesondere dem Menschen verhält.

Entweder handelt es sich wie bei Monod um ein Prinzip, nämlich das des Zufalls und der Auslese, bei dem jegliche

Wechselwirkung mit dem suchenden Menschen als auch seine Suche selbst von vornherein ad absurdum geführt sind. Oder es handelt sich wie bei den Buddhisten und Mystikern um etwas, das eher mit einem physikalischen Zustand umschrieben werden könnte: um ein Endgültiges, Ewiges mit dem Merkmal der Undifferenziertheit und Leere. Diesem gilt es sich mit den erwähnten, durch die Jahrhunderte hochentwickelten Meditationstechniken zu nähern, ohne dass dieses vermeintliche Endgültige auch nur eine einzige Regung in Richtung des Suchenden zeigen würde. Es handelt sich hier gewissermaßen um ein Naturphänomen, dessen Qualität als Leere ja auch nicht von ungefähr mit dem des Vakuumfeldes der modernen Quantenfeldtheorie verglichen wird.

Offensichtlich folgt daraus, dass die erlösende Verschmelzung mit dieser Leere auch nur mit Methoden erreicht werden kann, die denen der Naturwissenschaft ähneln, indem nämlich der Suchende exakt die richtigen Meditationsverfahren und das erforderliche Verhalten gemäß den vorgegebenen Regeln jahrzehntelang üben und perfektionieren muss. Die Leere selbst verhält sich gegenüber diesen mühsamen Annäherungsversuchen wie jedes Objekt naturwissenschaftlicher Betrachtung: indifferent und teilnahmslos.

Nicht anders ist es in letzter Konsequenz bei den Religionen, deren Kern die Einhaltung von Gesetzen ist. Im Unterschied zu den fernöstlichen Weisheitslehren geht man hier zwar nicht von einem namenlosen transzendenten Zustand aus, sondern von einem personenhaften Gott, der strafen und belohnen kann und mithin direkt auf das Verhalten des Menschen reagiert. Aber diese Reaktion geschieht nach den in den jeweiligen Gesetzen festgelegten Kausalketten.

An die Stelle des unumstößlichen Prinzips von Zufall und Auslese bei Jacques Monod oder des indifferenten Zustandes unendlicher Leere östlicher Weisheitslehren tritt nun das unerbittliche Regelwerk eines Gesetzes, das mechanistisch-rigoros und damit in letzter Konsequenz wiederum völlig unpersönlich und teilnahmslos strafend oder belohnend reagiert, je nachdem, welches Verhalten der Mensch an den Tag legt.

Bekanntlich reflektieren Gesellschaften, die von diesen gesetzesorientierten Religionen geprägt sind, auch in ihren gesamten sozialen Strukturen dieses unerbittliche System. Das gilt übrigens gleichermaßen auch für ideologisch gesteuerte Gesellschaften, bei denen an die Stelle des religiösen Regelwerkes und des unnahbaren Gottes die Ideologie tritt, meist mit einem ebenso unnahbaren obersten Vertreter oder Führer.

Obwohl ich selbst auf die Auflösung dieses Spannungsfeldes, mit dem sich vermutlich jeder nachdenkliche Betrachter konfrontiert sieht, erst mit 25 Jahren gestoßen war, so verwundert es mich doch nach wie vor immer noch im höchsten Maße, warum diese Tatsache eigentlich nicht einer viel breiteren Schicht bekannt ist und warum ich selbst nicht schon viel früher davon Kenntnis hatte.

In der Tat gehört es für mich zu den seltsamsten Umständen unserer Zeit, dass die zentralen Aussagen des Evangeliums selbst in unserem sogenannten christlichen Abendland weitgehend unbekannt sind. Dies erstaunt mich umso mehr, als die darin enthaltene Lösung der Urfrage des Menschen nach dem Sinn seines Daseins vollkommen unabhängig von Bildung, gesellschaftlicher Position, nationalem, ethischem oder kulturellem Hintergrund verstanden und erfahren werden kann.

Sie besteht eben nicht aus einem komplizierten Lehrgebäude oder einem Regelwerk ethischer Normen, das zu ihrem Verständnis ein hohes Maß an Wissen oder hinreichend viel Muße voraussetzt, sondern hat ihren Ausgangspunkt in einer schlichten Entscheidung zu einer Reorientierung auf den

Schöpfer dieses Daseins, die von jedermann in wenigen Minuten in ihrer Bedeutung nicht nur verstanden, sondern sozusagen auch stehenden Fußes vollzogen werden kann.

Der Kern dieser so einfachen Lösung der Grundfrage des menschlichen Daseins ist in der bisherigen Beschreibung meiner persönlichen Expedition zum Ursprung sicher bereits sichtbar geworden, aber es war eine Darstellung auf der eher subjektiven Basis meines individuellen Werdeganges. Insofern soll im Folgenden der Versuch unternommen werden, diese Lösung in einer möglichst von individuellen Entwicklungen abstrahierten und systematisierten Form noch einmal zusammenzufassen, vielleicht auch ein wenig im Anklang an die bereits erwähnte Vorgehensweise der Naturwissenschaft, der zufolge eine Vielzahl von Beobachtungen und Daten zu wenigen Kernaussagen abstrahiert werden.

Dabei geht es nicht um ein grundsätzliches theologisches Regelwerk – hierzu gibt es eine unübersehbare Vielfalt an Büchern –, sondern um eine Aufzählung der Aspekte, die für diejenigen von Bedeutung sein mögen, die wie ich damals mit voller Intention nach dem eigentlichen, *end*-gültigen Sinn ihres Lebens suchen.

Die Existenz des Ursprungs

Die Bibel setzt voraus, dass die Frage nach dem Sinn des Lebens nur zu lösen ist, weil es einen hinter allem stehenden Ursprung, einen Schöpfer, gibt. Dies gilt unabhängig davon, ob man dies glaubt oder nicht – es handelt sich hier um den fundamentalen Bestandteil des Lösungsweges, aus dem sich alles andere ableitet.

Gerade weil das so ist, tun sich vor allem Menschen des christlichen Abendlandes so schwer damit, die Aussagen des

Evangeliums überhaupt als ernst zu nehmende Information zu betrachten. Das hängt vor allem damit zusammen, dass in diesen Kulturkreisen die Vorstellung von dem, was real existiert, massiv eingeschränkt ist, und zwar auf das nur mit den menschlichen Sinnesorganen und ihren Erweiterungen in Form von messtechnischen Apparaten wahrnehmbare Spektrum der uns umgebenden Umwelt.

Nur das, was ich sehen und berühren kann, wird als real angesehen, und insofern sind die Existenz eines Schöpfergottes und damit alle weiteren Aussagen der Bibel von vornherein problematisch, denn niemand hat Gott jemals sehen oder berühren können.

Diese Haltung ist das Ergebnis der Aufklärung, des Glaubens an die Allmacht des Verstandes und an die Krönung seiner Fähigkeit: der Naturwissenschaft. Dass dieser Glaube jedoch auf einer Unkenntnis beruht, was die tatsächliche Zielsetzung und die Möglichkeiten der Naturwissenschaft angeht, wurde in den Anfangskapiteln bereits dargestellt.

Erwähnt sei aber noch einmal, dass die Physik praktisch schon seit Isaac Newton mit dem Unsichtbaren lebt. Niemand hat jemals ein Gravitationsfeld gesehen, und doch wurde es jahrhundertelang als real existierende Entität in unserer Welt akzeptiert.

Noch deutlicher wird dies im Falle der elektromagnetischen Felder. Ununterbrochen werden wir von diesen Feldern umspült, ohne auch nur im Geringsten etwas von ihnen zu spüren. Aber mit Geräten wie Radios und Fernsehern erbringen wir tagtäglich den eindeutigen Beweis, dass diese unsichtbaren Entitäten real sind.

Wie bereits erwähnt: Hätten die Physiker den gleichen Standpunkt in Bezug auf die Glaubwürdigkeit der Existenz unsichtbarer Realitäten, wie er im Hinblick auf die Existenz Gottes ausgerechnet unter Hinweis auf die Physik im Allgemeinen eingenommen wird, wäre diese Wissenschaft heute noch in einem geradezu archaischen Zustand.

Obwohl damit natürlich keineswegs ein Beweis für die Existenz eines Schöpfers gegeben ist, sollte diese Tatsache doch dazu dienen können, die genannten Vorbehalte auszuräumen.

Erinnert werden soll auch an die Erkenntnis der modernen Kosmologie, die nahelegt, dass das Weltall aus dem Nichts hervorgebrochen ist, in einem Urknall, der sicherlich ein nicht zu übersehender Hinweis auf einen Schöpfungsakt und damit auf einen Schöpfer ist.

Für die Bibel – wie etwa Paulus in seinem Brief an eine Gruppe von Christen im damaligen Rom erläuterte – ist die Herleitung der Existenz eines Schöpfergottes aus dem Wunderbau der Natur derart selbstverständlich, dass sie keine Entschuldigung für diejenigen zulässt, die das so Offensichtliche nicht erkennen. Galt dies schon für den Wissensstand bezüglich der Natur vor zweitausend Jahren, ist dies aufgrund der Erkenntnisse der modernen Physik, und hier insbesondere in Bezug auf die Entstehung des Weltalls, sicher in noch ganz anderem Maße gültig.

Schließlich sei noch angemerkt, dass die Unsichtbarkeit Gottes – wobei hier ausschließlich die Unsichtbarkeit für unsere fünf Sinne gemeint ist – eine logische Notwendigkeit ist. Sollte der Schöpfer nämlich mit unseren Sinnen wahrgenommen werden können, dann wäre er ein Teil der Schöpfung – und damit nicht der Schöpfer. Aufgrund der Definition eines Schöpfers muss er notwendigerweise in Bezug auf seine Schöpfung transzendent sein und außerhalb von ihr stehen.

Eine einfache Analogie kann diesen Umstand noch plausibler machen: Niemand käme etwa auf die Idee, durch sorgfältige Analyse des Mauerwerkes, der Fenster oder der Türen eines Hauses den Maurer finden zu wollen. Dieser steht auf einer ganz anderen Ebene. Er ist in Bezug auf sein Werk transzendent und nicht in ihm enthalten.

Auch wenn es aufgrund dieser Überlegungen einleuchten mag, dass ein Schöpfergott unseren fünf Sinnen nicht zugänglich ist, bedeutet das nicht, dass er überhaupt nicht erfahren werden kann. Im Gegenteil: Ich erkannte, dass ein wesentlicher, wenn nicht sogar *der* wesentliche Bestandteil der Lösung der Sinnfrage gerade darin besteht, diesen Schöpfer konkret zu erkennen. Jesus sagte: «Das ist aber das ewige Leben, dass sie dich, der du allein wahrer Gott bist, und den du gesandt hast, Jesus Christus, erkennen.»[33]

Typischerweise kann einem bei einem erstmaligen Lesen der Bibel die ungeheure Bedeutung dieser Aussage vollständig entgehen, weil man sie von vornherein als frommen Spruch abtut, sie ohnehin für unmöglich hält, oder – und so war es mir ja zunächst ergangen – sie aus anderen Gründen nicht in ihrer wortwörtlichen Bedeutung wahrnehmen kann oder will. Tatsache aber ist, dass dieses Erkennen, von dem ich schon berichtet habe, wohl das Aufregendste und Erstaunlichste ist, was ein Mensch erfahren kann.

Die Bedeutung des Ursprungs

Wie bereits beschrieben, erschloss sich überraschenderweise und entgegen meinen anfänglichen Erwartungen der Sinn des Lebens nicht in einer rationalen Erklärung des Woher, Wohin oder Wozu. Ich fand ihn auch nicht in einer gewaltigen mystischen Schau der endgültigen Geheimnisse des Seins, sondern in der Erfahrung eines neuen Zustandes oder einer neuen Befindlichkeit, deren zentraler Ankerpunkt die sichere Gewissheit einer inneren Gemeinschaft mit Gott war.

Kapitel 13: DIE LOGIK DES ENDGÜLTIGEN

Ich erkannte, dass die Sinnfindung nicht das Ergebnis einer rationalen oder mystischen Beobachtung eines von dem zu beobachtenden Sinn getrennten Beobachters ist, der sich sozusagen nach dem Genuss des tieferen Einblicks erfreut, aber unberührt von dannen machen kann und sein bisheriges Leben unbekümmert weiterführt.

Es dauerte eine ganze Zeit, bis ich es begriff.

Der Sinn des Lebens ist engstens mit der Erfahrung des Lebens selbst verknüpft, das nun angetrieben wird von der Ungeheuerlichkeit einer mit innerer Evidenz erfahrenen, sicheren Gewissheit: der Gewissheit, mit keinem Geringerem als dem Urheber des Lebens, mit dem Schöpfer dieses unermesslichen Universums, eine unzerstörbare Beziehung begonnen zu haben.

Der Charakter dieser Gewissheit ist schwer zu beschreiben und erschließt sich letztlich nur in der Erfahrung selbst. Sie ist weniger geprägt von konkreten Inhalten als von der zutiefst empfundenen Wahrheit, dass sich der Schöpfer einem kompromisslos und liebend zugewandt hat.

Inwiefern eine derartige Wahrnehmung und nicht etwa ein Regelwerk rationaler Aussagen den Sinn des Lebens ausmachen kann, erklärt sich vielleicht am besten in der Analogie zur zwischenmenschlichen Liebe. Auch hier geht es nicht um etwas, das rational erfassbar wäre, sondern darum, eine Gemeinschaft wahrzunehmen, die zutiefst und nicht weiter hinterfragbar als sinngebend erfahren wird.

Und in dieser Gemeinschaft mit dem Urheber des Daseins, die für sich bereits als ultimativer Sinn wahrgenommen wird, erscheint nun auch das Leben allmählich in einem neuen, sinnvollen Licht.

In der absoluten Geborgenheit, die diese Gewissheit mit sich bringt und die unmissverständlich über den Tod hinausweist, verlieren die Ereignisse unseres Daseins nicht nur ihren vermeintlichen Zufallscharakter, sondern bekommen eine tiefere Bedeutung. In zunehmendem Maße erscheinen alle Begebenheiten, von den banalsten Ereignissen des Alltages bis hin zu den schwersten Schicksalsschlägen, als Kräfte, deren Sinn es ist, uns immer tiefer in diese Gemeinschaft zu führen. Dabei erfahren wir, dass uns die Aufs und Abs des Alltags immer weniger berühren, und bekommen so eine erste Ahnung dessen, was die Bibel ewiges Leben nennt.

Einerseits ist dies ein eher passiver Vorgang, bei dem die Einzelheiten des Lebens in zunehmendem Maße als sinnvoll per se wahrgenommen werden, da sie alle dazu dienen, die Gemeinschaft mit Gott weiter zu vertiefen. Andererseits gibt es auch eine aktive Seite, die in 1. Mose 1,27 beschrieben wird: «Gott schuf den Menschen zu seinem Bilde, zum Bilde Gottes schuf er ihn.»

Gemeint ist damit, dass der Mensch in seinem Wesen, also in seiner inneren Einstellung und in seinem Verhalten, zu einem Abbild Gottes werden soll. Um dieser gewaltigen Herausforderung jedoch gerecht zu werden, ist die Erfahrung dieser Gemeinschaft mit Gott unabdingbar. Denn erst in der Geborgenheit der Gemeinschaft mit dem Allerhöchsten scheint der Mensch in der Lage zu sein, sich in seinem aktiven Verhalten auch nur annähernd «zum Bilde Gottes» zu entwickeln.

Dieses Bild wird wohl am eindrucksvollsten in der Bergpredigt gezeichnet und gipfelt unter anderem in der Aufforderung zur Feindesliebe. Sie weist auf das Wesen Gottes, von dem die Bibel sagt: Gott ist Liebe.[34] Einen Widersacher wirklich ohne Wenn und Aber zu lieben, ist offensichtlich nur dann möglich, wenn man selber alles hat. Und als dieses Alles wird die Gemeinschaft mit diesem unermesslichen Urheber allen Seins in der Tat erfahren.

Insofern erwies und erweist sich mir der Sinn des Lebens in seinem passiven Aspekt als Erfahrung der Liebe des Schöpfers und in seinem aktiven Aspekt als Befähigung zu einem von Liebe getriebenen Handeln. Hierbei handelt es sich, besonders hinsichtlich der aktiven Seite, um einen Prozess, der sich erst nach und nach entfaltet. Dabei ist der Startpunkt bei jedem Menschen anders. So kann es durchaus sein, dass ein Nichtchrist, der von Jugend an Nächstenliebe geübt hat, in seinem Verhalten ethisch höher steht als ein ehemaliger Schwerenöter und jetzt frischgebackener Christ.

Allerdings wird Letzterer durch den inneren Antrieb, den er durch die Gemeinschaft mit der höchsten Instanz erhält, in einem kontinuierlichen Wachstumsprozess immer weiter auf dem Weg zu dieser Ebenbildlichkeit fortschreiten und darin in zunehmendem Maße den wahren Sinn seines Lebens erfahren.

Das Wesen des Ursprungs

Eine weitere Grundlage für das Verständnis der Antwort nach dem Sinn des Lebens besteht im Wesen Gottes.

Im krassen Gegensatz zum Konzept der Leere des Buddhismus oder des indifferent verharrenden Unermesslichen im Sinne eines Deismus und erst recht im Unterschied zu dem seelenlosen Prinzip von Zufall und Auslese der Evolutionslehre ist der Schöpfer des Weltalls gemäß den Aussagen der Bibel lebendiges, bewusstes, personenhaftes und ewiges Sein. Als Mose Gott im brennenden Dornenbusch erkennt und ihn nach seinem Namen fragt, bekommt er die Antwort: «Ich bin Jahwe, der ewig Seiende.»[35]

Wie die Bibel implizit oder explizit immer wieder zeigt, ist dieser ewig Seiende ein einzigartiges Ich, das seinen Namen keinem anderen geben kann und wird und das sich als liebende, barmherzige, verzeihende Person erweist, die aber auch die Ungerechtigkeit hasst.

Aus reiner Verstandesperspektive fällt es schwer, diese Charakterisierung Gottes nachzuvollziehen. Das scheint vor allem wieder mit dem erwähnten Problem der Unsichtbarkeit zusammenzuhängen. Mit dem Begriff einer Person oder einem Ich verbindet man normalerweise immer auch einen sichtbaren Aspekt, ein den fünf Sinnen zugängliches Erscheinungsbild.

Anderseits ist offensichtlich, dass neben dem sichtbaren Aspekt immer auch ein unsichtbarer wesensmäßiger Aspekt zur Charakterisierung einer Person dazugehört. Schon wenn man kurz in sich selbst hineinhorcht, kann man feststellen, dass das menschliche Ich, also das, was eine Person ausmacht, immateriell und nicht lokalisierbar ist. Es ist unsinnig, von einem Ort des Ichs – etwa im Gehirn oder im Herzen – zu sprechen. Sinnvoll ist lediglich, sich das Ich dem gesamten äußeren Erscheinungsbild zugeordnet zu denken, wobei das Ich selbst aber auf eine seltsame Art außerhalb von Raum und Zeit zu stehen scheint.

In der Analogie hierzu fällt es vielleicht leichter, Gott als ein von aller äußerlichen, vergänglichen Erscheinung unabhängiges, außerhalb von Raum und Zeit stehendes reines Sein, als reines Bewusstsein und reine Person zu sehen. Jesus erläuterte es einmal so: «Gott ist Geist, und die ihn anbeten, die müssen ihn im Geist und in der Wahrheit anbeten.»[36] Die äußere Form ritueller Handlungen kann nichts dazu beitragen, um mit Gott zu kommunizieren. Es geht hier nur um die Verbindung von Ich zu Ich, von Person zu Person, von Bewusstsein zu Bewusstsein.

Ich selber hatte mit der Charakterisierung des Schöpfers als Person nie ein Problem. Wenn es denn einen Schöpfer gäbe, dessen Meisterwerk ja gerade in der Erschaffung von personenhaften Wesen bestünde, dann müsste er selbst mindestens auch personenhafte Eigenschaften haben, und das vermutlich noch in einem viel weiteren Sinne.

Zur größten Überraschung der Physiker scheint übrigens auch die moderne Naturwissenschaft Hinweise auf ein Bewusstsein in oder hinter der Schöpfung zu liefern. Diese nur wenige Jahrzehnte alte Erkenntnis ist unter der Bezeichnung «anthropisches Prinzip» bekannt. Es legt die Auffassung nahe, dass bei der Erschaffung des Weltalls mit einer geradezu unvorstellbaren Präzision sozusagen bewusst darauf abgezielt worden sein muss, dass biologisches Leben und damit auch wir Menschen entstehen.

Zum Beispiel hat man festgestellt, dass es uns nie gegeben hätte, wenn das Verhältnis von Masse zu Energie zum Zeitpunkt des Urknalls um nur ein Trillionstel von seinem Wert abgewichen wäre. Wäre es um nur ein Trillionstel größer gewesen, so wäre das Weltall nach kurzer Expansion wieder kollabiert und für immer in der Raum-Zeit-Singularität verschwunden. Uns hätte es nie gegeben. Wäre es dagegen um nur ein Trillionstel kleiner gewesen, dann wäre das Weltall derartig schnell expandiert, dass sich die kosmischen Gase nicht zu Sternen und Planeten hätten verdichten können. Uns hätte es ebenfalls nicht gegeben.

Es scheint, als ob «jemand» *bewusst* diese unvorstellbare Feinjustierung vorgenommen hat, um die Grundlagen für organisches Leben zu schaffen. Die Wahrscheinlichkeit eines Zufallstreffers ist jedenfalls äußerst gering. Nun kommen aber noch etwa zwei Dutzend weitere Bedingungen hinzu, die alle gleichzeitig erforderlich sind, um unser Dasein zu ermöglichen, und damit ist die Wahrscheinlichkeit eines Zufallstreffers nach den Gesetzen der Statistik praktisch gleich Null.

Wie ernst dieses anthropische Prinzip als ein potenzieller Hinweis auf die Existenz eines Schöpfers, der ein Bewusstsein hat, von den Physikern genommen wird, zeigt sich unter anderem daran, dass intensiv nach alternativen kosmologischen Modellen gesucht wird, damit dieser Hinweis hinfällig wird.

Allerdings müssen dazu ziemlich verwegene Theorien herangezogen werden. So wird zum Beispiel die Hypothese aufgestellt, dass es nicht ein Universum und einen Urknall gegeben hat, sondern Milliarden solcher. Dann könnte es vielleicht im Rahmen der Statistik möglich sein, dass eines dieser «Multiversen», nämlich unser Weltall, zufällig den «Lottovolltreffer» gelandet hätte.

Ganz abgesehen von der doch etwas überhöhten Kühnheit dieser Hypothese, für die auch noch nicht einmal ansatzweise experimentelle Beweise gefunden wurden, ist damit die Möglichkeit einer bewussten Handlung noch nicht vom Tisch: An die Stelle einer absichtlichen Feinjustierung einer Vielzahl von Parametern tritt nun der ungeheure Kraftakt der Erschaffung von unendlich vielen Universen mit – so könnte man meinen – dem absichtlichen Ziel, zufällig eine Zahlenkombination zu finden, die unser Leben ermöglicht.

Freeman Dyson, einer der führenden Physiker unserer Zeit, drückte die Folgerung, die das anthropische Prinzip impliziert, einmal folgendermaßen aus: «Je länger ich das Universum betrachte und seinen Aufbau studiere, desto mehr Anzeichen finde ich dafür, dass das Universum von unsrem Kommen gewusst haben muss.»

Während Freeman Dyson noch nicht den Schritt gewagt hat, einem Schöpfer das Bewusstsein zuzuordnen, sondern von einer Bewusstheit des Universums spricht, zog ein weiterer berühmter zeitgenössischer Physiker, der Kosmologe Robert Sandage, eine andere Konsequenz: Er wurde noch mit fünfzig Jahren Christ und beantwortete die Frage, wie er denn als Naturwissenschaftler Christ sein könne, mit dem Hinweis auf das anthropische Prinzip.

Mit der Feststellung, dass der Urheber allen Seins eine Person ist, die ein Bewusstsein hat, ist der wesentlichen Aussage der Bibel aber noch nicht Genüge getan. Entscheidend sind die Eigenschaften dieser Person, die unter anderem in den folgenden Aussagen eines Briefes von Johannes, einem der Jünger Jesu, zusammengefasst sind:

«Gott ist Licht, und in ihm ist keine Finsternis.»[37]

«Gott ist Liebe.»[38]

Letztlich laufen beide Aussagen auf dasselbe hinaus, und doch ist die Differenzierung entscheidend für das Verständnis des Ursprunges, den ich am Ende meiner Expedition gefunden hatte.

Die erste Aussage besagt, dass Gott absolut rein und frei von aller Ungerechtigkeit, von aller Lieblosigkeit, von allem Bösen ist. Die Bibel spricht auch davon, dass Gott heilig ist. So gewaltig die Größe Gottes als Schöpfer dieses unermesslichen Universums ist, so absolut ist seine Heiligkeit. Salopp gesagt, kann man froh sein, dass dem so ist, denn was wäre, wenn die allerletzte, höchste Instanz dieses Daseins Mord, Folter, Vergewaltigung, Lüge und Ehebruch gutheißen oder indifferent geschehen lassen würde! Es wäre eine schreckliche Welt! Aber das Gegenteil ist der Fall: Laut Bibel ist Gott Licht, und es ist eben *keinerlei* Finsternis in ihm.

Dieses Licht, diese Heiligkeit, ist nun aber so absolut, dass auch die kleinste Unwahrheit, die kleinste gedankliche Unsauberkeit, die kleinste abfällige Bemerkung über andere nicht akzeptiert wird. Über all diesen kleinen und großen Fehlverhalten liegt die massive Missbilligung des absolut Heiligen. Selbst unsere hochherzigsten Bemühungen sind meist immer noch mit dem Makel eines klammheimlichen Egoismus oder einer den anderen ausgrenzenden Selbstgerechtigkeit behaftet. In dieser Erkenntnis schreibt zum Beispiel der Apostel Paulus in seinem Brief an eine Gruppe von Christen in Rom: «Da ist keiner, der gerecht ist, auch nicht einer.»[39]

Die Bibel spricht davon, dass der Mensch, egal welcher Herkunft und Couleur, aus Sicht der absoluten Heiligkeit Gottes ein Sünder ist und aus eigener Anstrengung heraus grundsätzlich nicht in der Lage ist, etwas an diesem Zustand zu ändern. Im Gegenteil, der Versuch, aus eigener Anstrengung – sei es durch gute Taten, Meditation, Fasten oder mittels des unkonditionierten Blickes eines Krishnamurti oder was auch immer – in eine Beziehung mit dieser Heiligkeit zu treten, ist angesichts der Absolutheit dieser Heiligkeit geradezu als Vermessenheit zu bewerten, die allenfalls aufgrund einer Unkenntnis der wahren Dimension Gottes zu entschuldigen ist.

Hieraus ergibt sich ein grundlegendes Problem hinsichtlich der Expedition zum Ursprung des Seins und damit zum Sinn des Lebens: Einerseits ist dieser nur durch eine Beziehung zum Urheber des Seins zu erreichen, anderseits scheint er durch die absolute Qualität dieses Urhebers für immer unmöglich zu sein.

Dieses Problem verstärkt sich noch und wird zu einem Dilemma für Gott selbst, denn die zweite der angeführten zentralen Eigenschaften Gottes besagt, dass er in ebensolcher Absolutheit ein liebender Gott ist, der sich sozusagen nichts sehnlicher wünscht als eine durch Liebe und vollkommene Annahme geprägte Gemeinschaft mit dem Menschen.

Doch es liegt auf der Hand: Jede Gemeinschaft etwa mit den Folterknechten von Auschwitz, oder mit Mördern, Ehebrechern oder Lügnern, als auch mit uns allen in unseren missgünstigen Gedanken in Bezug auf unseren Nachbarn oder mit unseren kleinen Tricks bei der Steuererklärung würde den Absoluten in seiner Absolutheit kompromittieren: Er wäre nicht mehr der Absolute. Er wäre nicht mehr der, von dem gesagt ist: Er ist Licht, und keinerlei Finsternis ist in ihm.

Der Weg zum Ursprung

Zur Lösung dieses Dilemmas müsste es einen Weg geben, der dem Menschen trotz seiner Sündhaftigkeit den Zugang zu Gott ermöglicht, der anderseits aber nicht im Widerspruch zum Wesen Gottes steht.

Genau das ist der Kern des Evangeliums. Die Lösung vollzieht sich in zwei Schritten:

Der erste besteht darin, dass Gott dem Menschen die Sünden vergibt. An Stelle des «immer strebend Sich-Bemühens», das Goethe in seinem Faust als vermeintlichen Lösungsweg darstellt, tritt das Bemühen eines völlig anderen: Gott selbst eliminiert sozusagen mit einem Federstrich die Sünde im Menschen, und zwar derart komplett, dass das Ergebnis voll und ganz dem göttlichen Absolutheitsanspruch genügt. Der Mensch, der bewusst die Vergebung seiner Sünden akzeptiert, ist vollkommen, zu einhundert Prozent «reingewaschen».

Der Gemeinschaft mit Gott steht somit nicht mehr das Geringste im Wege. Es ist meist ein geradezu überwältigendes Erlebnis, wenn man diesen Akt der absoluten und vollständigen Vergebung zum ersten Mal oder auch später immer wieder als unmissverständliche, gültige Wahrheit erfährt.

Ist die Heiligkeit Gottes tatsächlich derart absolut, so ist dies der einzig logische Schritt: Nur ein Handeln Gottes selbst kann diesem Absolutheitsanspruch gerecht werden.

Allerdings stellt sich nun die Frage, ob Gott sich nun nicht doch wieder selbst kompromittiert hat, sozusagen durch die Hintertür. Denn steckt in der Vergebung der Schuld nicht eine Missachtung allen Unrechts und allen Leids, das die Menschen sich gegenseitig antun? Ist Gott ein «Schwamm-drüber-Gott»? Liegt hier nicht doch wieder indirekt ein Pakt mit dem Bösen und damit eine Einschränkung der Heiligkeit Gottes vor?

Die Antwort auf diese Frage steckt in dem zweiten der oben erwähnten Schritte: Es geht darum, dass die «Licht-Qualität» Gottes, die Finsternis in keinster Weise duldet, nach wie vor kompromisslos auf alle Sünde reagiert. In diesem Zusammenhang spricht die Bibel vom Gericht Gottes. Dieses Gericht muss erfolgen. Es ist eine unabdingbare Konsequenz der Heiligkeit Gottes. Und wir Menschen können froh darüber sein! Was wäre das für ein furchtbares Sein, wenn die oberste Instanz dieses Kosmos das Böse ununterbrochen ohne weitere Konsequenzen vergeben und vergessen würde? Dem Unheil wären Tür und Tor geöffnet – und das mit der Legitimation von höchster Stelle.

Lange Zeit störte es mich, wenn ich in der Bibel immer wieder vom Gericht Gottes las. Aber allmählich verstand ich, was es damit auf sich hat. Angesichts des Unrechts und des Leids, das sich die Menschheit seit ihrem Bestehen ununterbrochen selbst zufügt, ist die Warnung der Bibel vor dem Gericht Gottes kein Schrecknis, sondern geradezu ein Trost: Gäbe es dieses nicht, dann wären wir endgültig dem Schrecken einer finsteren Welt ausgeliefert.

Aber damit entsteht ein Dilemma: Wie kann dieses Gericht geschehen, ohne dass damit der Zugang der Menschheit zu Gott, der durch die Vergebung der Sünden ermöglicht wurde, wieder gefährdet ist?

Es geschieht durch den für diese Problemstellung einzigen möglichen, rational nachvollziehbaren logischen Schritt: Das Gericht, also die Reaktion Gottes auf alle Sünde, *findet statt*. Aber es vollzieht sich nun nicht an dem schuldig gewordenen Menschen, denn dann wäre die Gemeinschaft wieder hinfällig, sondern an jemand anderem *stellvertretend* für alle, die diese Stellvertretung und die dadurch überhaupt erst ermöglichte Vergebung der Sünden für sich persönlich in Anspruch nehmen.

Damit sind sozusagen zwei Fliegen mit einer Klappe geschlagen: Durch die Vergebung der Sünden ermöglicht Gott dem Sünder den Zugang zu der Gemeinschaft mit sich selbst. Gleichzeitig bleibt Gott bei diesem Prozess unkompromittiert in seiner absoluten Heiligkeit, da das Gericht geschieht, aber an jemand anderem und nicht an uns.

Allerdings stellt sich die Frage, wer dieser «Jemand» sein könnte. Im Prinzip müsste er drei Kriterien genügen. Er müsste selbst vollkommen ohne Schuld sein, damit man nicht vermuten kann, dass er nur wegen seiner eigenen Schuld das Gericht erfährt.

Zweitens müsste er sich auf irgendeine Weise als der ausweisen, der tatsächlich vom Schöpfer dieses Universums für diesen Akt der Stellvertretung autorisiert ist: Er müsste selbst schöpferisch wirken können. Anders ausgedrückt: Er müsste Wunder vollbringen.

Und schließlich dürfte er nicht für immer in diesem Gericht – einem schlimmen Tod – bleiben, denn das würde dann doch wieder einen Schatten auf die absolute Heiligkeit, Liebe und Gerechtigkeit des Schöpfers werfen. Er müsste irgendwie wieder aus diesem Tod herauskommen. Er müsste auferstehen.

Genau diesen Menschen gab es vor zweitausend Jahren – bezeichnenderweise mit dem Namen Jesus Christus. «Jesus» – auf Hebräisch Jeschua – heißt: Gott rettet. Und Christus heißt der «Gesalbte, Autorisierte». Gott, nicht der Mensch, rettet, und zwar durch einen von ihm Autorisierten.

Jesus Christus am Kreuz ist eine logische Notwendigkeit. In letzter Konsequenz ergibt sie sich aus der Definition und dem Wesen von Schöpfer und Geschöpf.

Dies ist die zentrale Aussage des Evangeliums. Unerhört logisch, unerhört einfach, unerhört klar!

Leider hatte ich sie lange Jahre meines Lebens nie in dieser Form gehört.

Vor dem Hintergrund meiner Suche und der entsprechenden Offenheit für Antworten wäre es mir ein Leichtes gewesen, diese Logik schon viel früher zu verstehen, den Sinn meines Daseins zu erkennen und den entsprechenden Schritt zu gehen. Dieser Schritt besteht seit zwei Jahrtausenden in einem einfachen, bereits mehrfach erwähnten Gebet, das man einmal spricht oder das man – sofern man allmählich in diesen Glauben hineingewachsen ist – schließlich innerlich bejaht:

«Herr Jesus, ich bin ein Sünder. Ich bitte dich um Vergebung aller meiner Sünden. Ich danke dir für die völlige Vergebung und bitte dich, von nun an mein Leben zu führen.»

Entscheidend ist das Eingeständnis, dass man den Sinn des Lebens noch nicht erreicht hat, dass man noch von einer wie immer gearteten Gemeinschaft Gottes ausgeschlossen ist, weil man an sich und anderen schuldig geworden ist, und dass man nun die Vergebung aller Sünden in Anspruch nehmen will – was immer das zunächst im Einzelnen bedeuten mag.

Die Erfahrung zeigt, dass der Mensch durchaus ein rudimentäres Verständnis für die Bedeutung von Sünde und Vergebung hat. Es ist nicht selten, dass sich, wenn man diese Sachverhalte bewusst ausspricht, lange Verdrängtes mit elementarer Wucht seinen Weg nach außen bahnt. Der Einzelne wird sozusagen reingewaschen und somit von seinen «Altlasten» erlöst.

Die in dem letzten Teil des Gebetes zum Ausdruck gebrachte Bitte unterliegt einer ähnlichen logischen Zwangsläufigkeit wie die Tatsache, dass der Zugang zu der Gemeinschaft mit dem absolut Heiligen nur durch Gott selbst durch die Vergebung der Sünden und nicht durch menschliche Anstrengung erreicht werden kann. Denn offensichtlich ist es noch nicht damit getan, dass fortlaufend die Sünden vergeben werden und der Mensch sozusagen fröhlich weitersündigt.

Wie bereits erwähnt, bewirkt die Erfahrung, tatsächlich mit dem Schöpfer des Weltalls in Verbindung gekommen zu sein, eine Neuausrichtung des Lebenswillens; ein Bedürfnis, nunmehr das Leben nach dem Willen dieses Schöpfers auszurichten. Der Versuch, dieses nach eigenem besten Wissen und Gewissen und mittels eigener Anstrengungen zu tun, wäre aber angesichts der absoluten Heiligkeit Gottes wieder ein Rückfall in die bereits erwähnte Vermessenheit.

Die logische Schlussfolgerung hieraus kann also nur sein, dass Gott selbst dem Menschen den weiteren Weg zeigen muss. Daher die Bitte um Führung durch Jesus selbst, worauf ich später noch genauer eingehen werde.

Aus dem Bisherigen leitet sich aber auch der Alleinvertretungsanspruch des Christentums ab, der für viele ein einziges Ärgernis darstellt. Genaugenommen sollte aber nicht von einem Alleinvertretungsanspruch des Christentums als einer Religion mit Riten, Kirchen und Liturgien gesprochen werden, sondern von dem Alleinvertretungsanspruch des Evangeliums und der darin enthaltenen Kernaussage, denn nur hierdurch wird das eigentliche Christentum charakterisiert.

Jesus sagte, dass niemand in die Gemeinschaft mit Gott gelangen könne außer durch ihn selbst.[40] Es ist also nur möglich, wenn man die Vergebung der Sünden, die durch das stellvertretende Gericht an Jesus am Kreuz erwirkt wurde, annimmt.

Wie oben beschrieben, ist diese Kernaussage des Evangeliums eine zwingend notwendige logische Folgerung aus der Prämisse, dass es einen Schöpfer gibt und dass dieser in einem absoluten Sinne heilig ist.

Erst aus der Prämisse dieser Absolutheit folgt, dass der Mensch niemals in der Lage ist, aus eigener Anstrengung in eine Wesensgleichheit mit Gott und damit in seine Gemeinschaft zu gelangen. Im Gegenteil: Der Versuch des Menschen, aus eigener Kraft diese Wesensgleichheit zu erlangen, wird in der Bibel als die Ursünde schlechthin beschrieben, da sich der Mensch sozusagen anmaßt, ohne Gott Gott gleich zu sein, mithin Gott durch sich selbst ersetzen zu wollen.

Der Weg in die Gemeinschaft mit Gott kann daher nur durch ein Eingreifen Gottes realisierbar sein, und das geschieht, wie beschrieben, durch die Vergebung der Sünden, die wiederum ohne Kompromittierung des Wesens Gottes erst durch das Gericht Gottes über alle Sünde stellvertretend an Jesus Christus ermöglicht wird.

Dieser Weg unterscheidet sich aufs Krasseste von allen Religionen, in denen ausschließlich das Bemühen des Menschen als Weg zu Gott in Betracht kommt, sei es durch Einhalten von Riten, durch asketische Übungen oder durch hochverfeinerte Meditationstechniken.

Von daher ist die Feststellung des Alleinstellungsmerkmales als auch des Alleinvertretungsanspruches des Christentums eine logische Selbstverständlichkeit und mag dadurch vielleicht auch etwas von seinem ärgerlichen Charakter verlieren; die Tatsache einer völligen Unvereinbarkeit des eigentlichen Christentums mit allen anderen Religionen bleibt aber bestehen.

Verfolgt man die gedankliche Kette zurück, die zu dieser Feststellung führt, so kann man zu dem etwas salopp ausgedrückten Schluss kommen, dass der primäre Grund für diesen Alleinvertretungsanspruch letztlich darin liegt, dass aus christlicher Sicht der Schöpfer um ein Immenses heiliger ist als von allen anderen Religionen angenommen.

Das Leben am Ursprung

Wie bereits mehrfach erwähnt, beginnt nach der Entdeckung des Ursprungs, nach dem Eintritt in die Gemeinschaft mit dem Urheber des Seins, ein Wachstumsprozess, der manchmal mit einem Gefühl ungeheurer Freude einsetzt, sich manchmal aber auch nur in einer allmählichen Bewusstwerdung dessen, was einem da geschenkt wurde, manifestiert.

In allen Fällen führt die Entwicklung jedoch zu einer Wahrnehmung tiefer und sich ständig weiter vertiefender Geborgenheit. In dem Maße, in dem die Erkenntnis wächst, dass man es tatsächlich mit dem Urheber allen Seins zu tun hat, nimmt auch die Gewissheit zu, dass diese Geborgenheit weit über das diesseitige Leben hinausführt. Man erkennt, dass das eigentliche Sein, das Ich, vom Tod nicht berührt werden kann. Der Tod ist lediglich der Durchgang zu einem endgültig von Leid erlösten Leben in einer noch viel tiefer erfahrenen Gemeinschaft mit Gott. Aus dieser Geborgenheit heraus wird ein neues, von der Sorge um das eigene Ich zunehmend befreites und daher im eigentlichen Sinne des Wortes uneigennütziges, liebendes Handeln möglich.

Darin liegt das entscheidende Kennzeichen des Menschen, der am Ursprung und mithin am Sinn seines Daseins angekommen ist: Sein zunehmend von Nächstenliebe und Uneigennützigkeit geprägtes Handeln unterliegt nicht mehr dem Antrieb durch ein Regelwerk ethischer Normen, sondern entsteht aus einer neuen, inneren, natürlichen Grundeinstellung.

Ebenso natürlich erwächst in ihm auch das Bedürfnis, in der Bibel zu lesen, mit dem großen Gegenüber im Gebet zu kommunizieren und sich mit anderen Christen auszutauschen – alles übrigens unabdingbare Grundvoraussetzungen für ein gesundes Wachstum dieses Lebens am Ursprung, so ungewohnt diese Tätigkeiten für denjenigen auch sein mögen, der vorher keine nähere Berührung mit dem Christentum hatte, wie es bei mir der Fall war.

Dabei beginnt ein zunächst vielleicht kaum bemerkbarer, allmählich aber unübersehbarer, äußerst bemerkenswerter Prozess: Man versteht die Aussagen der Bibel immer besser, erkennt immer neue Tiefen der Inhalte, und dies vor allem im Kontext des eigenen, aktuellen Lebens. Es ist, als ob dem natürlichen Bedürfnis, sich im Denken und Handeln immer mehr dem Wesen Gottes anzugleichen, eine leise, aber unüberhörbare Orientierungshilfe an die Hand gegeben wird. Sie leitet uns im Licht der biblischen Aussagen sachte durch das tägliche Leben, so dass man allmählich zu begreifen beginnt, dass dies eine Antwort auf das oben angesprochene Gebet ist, dass dies tatsächlich die Führung Gottes ist.

Diese Erhellung der Bibeltexte mit der einhergehenden Orientierungshilfe manifestiert sich als ein eigentümliches, unmissverständliches Wissen im menschlichen Bewusstsein oder menschlichen Geist um die Wahrheit dieser Texte. Die Bibel spricht davon, dass dies eine Wirkung des Geistes Gottes ist. Diesen Geist Gottes bezeichnet Jesus auch als Heiligen Geist oder Geist der Wahrheit, der einen in alle Wahrheit leiten wird. Es gehört zu den erstaunlichen konkreten Erfahrungen jedes Christen, dass dieser Geist tatsächlich eine Realität ist.

In diesem Zusammenhang sei kurz auf die oft zitierte Dreieinigkeit Gottes eingegangen. Diese für viele problematische Dreifaltigkeit Gottes als Vater, Sohn und Heiliger Geist ist im Grunde genommen auch rational einfach zu verstehen. Es handelt sich lediglich um eine Beschreibung der drei wesentlichen Erscheinungsformen Gottes: erstens als Schöpfer und damit als Vater von allem. Zweitens als die dem Menschen zugewandte Seite dieses Schöpfers als eine zu hundert Prozent wesensmäßige Verkörperung in dem Menschen Jesus Christus vor zweitausend Jahren und in seinem nach der Auferstehung eingenommenen Wesen als Herr über alle Schöpfung. Und drittens als der im Bewusstsein jedes Christen agierende Geist Gottes.

Dass diese drei Erscheinungsformen «eins» sind, wird unmittelbar einsichtig, wenn man sich vor Augen hält, dass die

Essenz, das Eigentliche einer Person nicht ihre Erscheinungsform, sondern ihr Wesen ist. Alle drei Erscheinungsformen sind wesensidentisch. Die Natur bietet hier ein gutes Beispiel: Auch Wasser hat drei Erscheinungsformen. Es erscheint als flüssiges Wasser, als Dampf oder als Eis. Äußerlich völlig unterschiedlich, sind doch alle drei Manifestationen wesensidentisch. Es handelt sich immer um H_2O.

So ist das Leben eines in die Gemeinschaft Gottes geratenen Menschen erstens charakterisiert durch die wachstümliche Erfahrung einer grundsätzlichen inneren Befreiung zu einem Denken und Handeln in Richtung einer wesensmäßigen Ebenbildlichkeit mit Gott, zweitens eine Orientierungshilfe durch den Geist Gottes, drittens die Kommunikation mit Gott über das Gebet, viertens die tägliche geistliche Nahrungsaufnahme durch das Lesen in der Bibel und schließlich durch die Gemeinschaft mit anderen Christen.

In dieser Befindlichkeit durchlebt der Christ nun alle Höhen und Tiefen des Daseins wie jeder andere Mensch auch – aber mit einigen wesentlichen Unterschieden. Freude erlebt er nicht als Selbstverständlichkeit, sondern in Dankbarkeit gegenüber dem Schöpfer. Und wenn er Leid erfährt, erlebt er darin eine vorher unbekannte Geborgenheit in der allerhöchsten, weit über dem Leid stehenden Instanz.

Diese neue Erfahrung wird in der Bibel immer wieder thematisiert und findet vielleicht ihren prägnantesten Ausdruck in dem bekannten 23. Psalm: «Und ob ich schon wanderte im finstern Tal, fürchte ich kein Unglück; denn du bist bei mir, dein Stecken und Stab trösten mich. Du bereitest vor mir einen Tisch im Angesicht meiner Feinde.»

Entscheidend sind hier «Stecken und Stab im finsteren Tal» sowie der von Gott bereitete Tisch im Angesicht der Feinde. Es ist diese Kontrasterfahrung, die dem Leid für den Christen einen neuen, unverhofften Sinn verleiht, gleichwohl dieser für einen Außenstehenden nur schwer zu begreifen ist.

Bezeichnend hierfür ist auch, dass Jesus nicht erhaben und von allem Leid unberührt über die Erde dahinschwebte, sondern mitten ins Leid seiner Kreuzigung gegangen ist. Aber er blieb nicht im Leid, sondern überwand das Leid in seiner endgültigen Ausprägung, dem Tod, durch seine Auferstehung am dritten Tag nach seiner Kreuzigung.

Und es ist diese Gewissheit, Leid nicht allein, sondern in der Gegenwart des Auferstandenen zu durchlaufen, der Leid und Tod bereits überwunden hat, die mitten im Schmerz eine völlig neue Erfahrung des Trostes und der Geborgenheit vermittelt. Jesus sagte einmal: «In der Welt habt ihr Angst; aber seid getrost, ich habe die Welt überwunden.»[41]

Und in dieser Überwindung liegt auch die Garantie für uns, dass unser eigentliches Sein unversehrbar ist und im Tod lediglich einen Übergang in ein neues, vom Leid befreites Leben erfahren wird.

Ein alter Christ erläuterte diese Sicht einmal folgendermaßen: «Es ist wie nach einem Bombenangriff, bei dem der Bunker völlig verschüttet ist und es zunächst keine Hoffnung auf Errettung mehr zu geben scheint. Aber dann nähern sich die Suchtrupps, und nach einiger Zeit ist es geschafft: Der Pressluftbohrer hat die verschüttete Bunkerdecke durchbrochen, und der Kontakt mit den Suchtrupps ist hergestellt. Noch sitzt man in einer bedrückenden Enge bei schlechter Luft zusammen, aber man ist nun sicher, dass man herauskommen wird, und damit bekommt das ganze Ungemach ein völlig anderes Gesicht. Von nun an lebt man mit der Gewissheit der Erlösung, die vielleicht gerade durch die Kontrasterfahrung des Leids vertieft wird.»

Auf der Basis dieser unmissverständlichen Gewissheit ist für den gläubigen, erkennenden Christen das Leben auch in seiner Gänze, in den positiven und auch den negativen Aspekten, in der Freude wie im Leid, tatsächlich in einen endgültigen Sinn eingemündet.

Das Leben aus dem Ursprung

Im vorigen Unterkapitel dieser Übersicht ging es vor allem um eine möglichst genaue Beschreibung meiner inneren Befindlichkeit, nachdem ich an dem Ende meiner Expedition angekommen war – einer Befindlichkeit, die im Wesentlichen allen Christen gemein ist. In diesem letzten Unterkapitel soll nun der Versuch unternommen werden, ein gleichermaßen überraschendes wie fundamentales Element des Christseins zu beschreiben, das bislang nur ansatzweise zur Sprache gekommen war.

Abgesehen von dieser inneren Befindlichkeit des endgültigen Zur-Ruhe-gekommen-Seins in der Geborgenheit eines kompromisslos liebenden Schöpfers zeigt es sich nämlich, dass ein weiterer Aspekt das Christsein charakterisiert: das Leben in der liebenden Hingabe an den Mitmenschen.

Wie bereits beschrieben, ist der Mensch laut Bibel sozusagen als «Radio Gottes» konzipiert: in seinem Geist erfährt er unmissverständlich diese kompromisslose Liebe, und dadurch befähigt, lebt er seinerseits zunehmend ein Leben in liebender Hinwendung zum Menschen.

Beides – die «innere Sinnfindung» durch die Erfahrung der Liebe des höchstmöglichen Gegenübers und die «äußere Sinnfindung» durch ein von Liebe geprägtes Handeln vis-à-vis der Mitmenschen – sind die Komponenten des Sinns des Daseins dieses Wesens namens Homo Sapiens. Darin erfüllt er die früher beschriebene Funktion des «Radios Gottes», das im Geist das Wesen des für unsere fünf Sinne unzugänglichen Schöpfers erfährt und dieses durch Denken, Reden und Handeln nach außen erfahrbar macht.

Es ist übrigens ein bemerkenswerter Umstand, dass die Möglichkeit dieser inneren Sinnfindung als Grundelement des Christseins weithin unbekannt ist, dagegen die äußere Sinnfindung nicht. Im Gegenteil: Das Leben aus Nächstenliebe, das karitative Verhalten, ist gerade das, was man landläufig als das entscheidende und vor allem einzige Charakteristikum eines Christen ansieht.

Das Überraschende ist nun, dass dieses Verhalten gemäß dem in der Bibel definierten Anspruch menschenunmöglich ist. Sehr gut kann man das an der bereits erwähnten Bergpredigt erkennen. Üblicherweise wird sie als einer der ethisch hochwertigsten Texte aller Zeiten angesehen. Bei genauerer Betrachtung erweist sie sich allerdings in weiten Teilen als schlichtweg nicht umsetzbar.

Im Grunde genommen handelt es sich dabei um eine komplette Antithese zu allem normalen menschlichen Verhalten. Beispielsweise liest man dort, dass man allein schon bei einem Groll auf einen Mitmenschen restlos aus dem biblischen Anspruch herausgefallen ist. Dieser Gedanke wird intensiviert in der Aussage: «Widersteht nicht dem Bösen, sondern wenn jemand dich auf deine rechte Backe schlagen wird, dem biete auch die andere dar.»[42] Und schließlich gipfelt die Bergpredigt in der unmissverständlichen Vorgabe: «Liebet eure Feinde; segnet, die euch fluchen; tut wohl denen, die euch hassen; bittet für die, so euch beleidigen und verfolgen.»[43] Aber als ob das noch nicht reicht, heißt es schließlich: «Ihr nun sollt vollkommen sein, wie euer himmlischer Vater vollkommen ist.»[44]

Man kann das als dichterische Übertreibung abtun, die in dieser Radikalität sicher nicht gemeint ist. Dann wird man allerdings das Entscheidende übersehen. Denn wenn man diese Aussagen für bare Münze nimmt, dann wird zweierlei deutlich: Zunächst handelt es sich hier anscheinend um eine völlig neuartige Lehre, um eine radikale Vorgabe, die Ketten des Bösen zu durchbrechen, die Sequenz des «Wie du mir, so ich dir» zu einem Ende zu bringen. Und zweitens ist nicht zu übersehen, dass diese Vorgabe nicht zu erfüllen ist. Niemand ist in der Lage, im echten Sinne des Wortes seinen Feind zu lieben oder denen Gutes zu tun, die einen hassen, verfluchen oder beleidigen.

Nimmt man die Vorgabe trotzdem ernst, dann kann sie eigentlich nur auf eine Befähigung hinweisen, über die der Mensch normalerweise nicht verfügt, die eindeutig über seine Möglichkeiten hinausgeht und ohne die das geforderte Verhalten nicht erfüllbar ist.

In diesem Zusammenhang fällt auf, dass Jesus seinen Freunden ausdrücklich erläutert hat, dass sie ohne ihn nichts zuwege bringen könnten, was diesen Ansprüchen genügen würde.

Er vertiefte diese Aussage durch ein Beispiel, in dem er sich mit einem Weinstock und seine Freunde mit den Reben vergleicht, die an dem Weinstock hängen. Genauso wenig, wie die Reben aus sich heraus Frucht bringen können, es sei denn, sie blieben am Weinstock, genauso wenig könnten seine Freunde seine Vorgaben zu einer echten Nächstenliebe umsetzen, es sei denn, sie blieben fest mit ihm verbunden. Mehr noch: Es sei denn, er bliebe *in* ihnen, wie er anschließend ausdrücklich vermerkte.

Die Frage ist, ob hier tatsächlich ein Schlüssel vorliegt zu einem Verhalten, das weit über das normale Maß der zwischenmenschlichen Beziehungen hinausweist, weil es das Fehlerhafte im Nächsten sozusagen «durchtunnelt» und trotz eines feindlichen Gebarens des anderen doch ermöglicht, ihn zu lieben.

Unwillkürlich könnte das einen daran erinnern, dass auch die Vergebung der Schuld von der höchsten Warte aus, die der

Christ als zentrale Erfahrung seines Christseins erlebt, von der gleichen Qualität ist: Sie erfolgt bedingungslos, trotz der Zielverfehlungen, derer man immer wieder schuldig wird.

Und genau hier liegt in der Tat der Schlüssel: Der Christ, für den die Liebe des Schöpfers, ausgedrückt in der bedingungslosen Vergebung aller seiner Schuld, die Basis seines neuen Lebens geworden ist, wird gerade durch diese Erfahrung allmählich in die Lage versetzt, seinerseits bedingungslos zu vergeben und zu lieben. Nicht von ungefähr schreibt der beste Freund Jesu in einem seiner Briefe: «Lasst uns lieben, *denn er* [Jesus] hat uns zuerst geliebt.»[45]

Das, was vorher menschenunmöglich war, kommt nämlich genau dadurch allmählich in den Bereich des Möglichen, dass die Vergebung, erwirkt durch die stellvertretende Begleichung der eigenen Schuld durch Jesus Christus, zentraler Bestandteil des Lebens des Christen geworden ist. Diese sein ganzes Sein durchsetzende Erfahrung wird in zunehmendem Maße, quasi automatisch, auch zum Bestandteil seines Verhaltens anderen gegenüber.

In diesem Sinne zeigt sich die Bedeutung des genannten Hinweises von Jesus, dass er *in* einem Menschen bleiben müsse, damit dieser dazu befähigt werden würde, seinem Handlungsmaßstab zu entsprechen. Das bedingungslos liebende und vergebende Wesen Christi muss mit dem Wesen des Menschen aufs Innigste verschränkt werden, muss zu seiner primären Natur werden. Dass das überhaupt möglich ist, liegt einzig und allein daran, dass der Christ zunächst selber die Vergebung seiner eigenen Zielverfehlungen erfahren hat und immer wieder erfährt.

Natürlich ist der Mensch auch ohne diese «Innewohnung» mitunter in der Lage, vollkommen zu vergeben, wie auch das Bestreben nach einem von Liebe, Wahrheit und Gerechtigkeit geprägten Verhalten eine Eigenschaft aller Menschen ist.

Aber das hat meist eher den Anstrich einer Sehnsucht, wie eine Erinnerung an eine verlorene Daseinsform, eine Ahnung, wie es eigentlich sein sollte, als dass es das Grundelement eines in zunehmendem Maße selbstverständlichen Verhaltens wäre, das auch gegen stärkere egoistische Kräfte völlig gefeit wäre.

Zur Illustration sei nur das Beispiel eines einerseits liebenden und fürsorglichen Familienvaters erwähnt, der sich anderseits in seiner Arbeit als Investmentbroker an der Entwicklung von Finanzinstrumenten beteiligte, durch die die Altersversorgung zahlloser US-amerikanischer Rentner massiv gefährdet wurde.

Allerdings – wie alles im Christsein ist diese neue Befähigung zu einem Leben in kompromissloser Liebe und Wahrhaftigkeit wachstümlich. Zu unbekannt ist dem frischgebackenen Christen zunächst noch diese neue innwohnende Kraft, und zu sehr kleben sozusagen an dem neugeborenen Küken noch die Eierschalen des alten Egoismus. Aber ebenso, wie das Küken sich immer mehr von diesen Eierschalen befreit, so unumstößlich entwickelt sich der Christ immer mehr in ein Leben hinein, das der Kraft der Versuchung zu Unwahrheit und Ungerechtigkeit widersteht und die kausalen Ketten des Richtens und der Vergeltung durchbricht.

Einige Beispiele aus meinem Leben mögen das illustrieren. Sie werden zum Teil banal erscheinen, aber doch waren sie mir eindeutig erkennbare Vorboten dieses neuen Lebens.

Das erste Erlebnis spielte sich schon wenige Monate nach dem Ende meiner Expedition ab. Eine Studentin hatte es verstanden, mich mit psychologischer Finesse empfindlichst zu beleidigen. Als frischgebackenem Christen war mir klar, dass ich ihr vergeben musste. Gedanklich vollzog ich also ein «Ich vergebe dir». Doch wenige Stunden später fiel mir die Situation wieder ein: «Was hat sie gesagt? Unverschämt!» Und ich merkte, wie der Groll wieder in mir aufstieg. Und ebenso merkte ich, dass ich noch in keinster Weise vergeben hatte. Ich versuchte es noch mal – mit dem gleichen Ergebnis.

Ich versuchte es mehrmals aufs Neue, aber immer wieder kam mir nach einiger Zeit die schmerzliche Erinnerung an diese Frechheit in die Quere, bis ich begriff, dass es geradezu menschenunmöglich wäre, hier zu einer echten Vergebung und gedanklichen Befreiung zu kommen. Verzweifelt fragte ich mich, wer denn angesichts dieser Unverschämtheit in der Lage wäre, wirklich komplett zu vergeben.

Und dann fiel es mir endlich ein: Es gab jemanden. Den, der noch am Kreuz für seine Peiniger betete: «Vater, vergib ihnen, denn sie wissen nicht, was sie tun.»[46] Und in dem Moment war mir klar, dass dieser auch meiner «Peinigerin» vorbehaltlos vergab. Mehr noch: Mir war intuitiv klar, dass diese Person im Lichtstrahl der ungehemmten Liebe Christi stand, genauso wie ich auch.

Und dann geschah das kleine Wunder: In dieser gedanklichen Verschränkung mit dem Wesen Jesu, sozusagen in einer Erfahrung seiner Innewohnung in mir, konnte ich vollkommen loslassen und vergeben. Es blieb kein Rest eines Grolls mehr übrig. Diese geradezu fantastische Erfahrung wiederholte und wiederholt sich nicht selten in meinem Leben, und ich erfahre dabei eine ständige wundersame Vertiefung. «Ohne mich könnt ihr nichts tun»[47] ist eine der vielen Bibelstellen, die im konkreten Vollzug des Lebens begonnen haben zu leuchten.

Eine andere Begebenheit spielte sich ebenfalls ganz am Anfang meines Christseins ab. Ich kam gerade aus der Mensa und lief an einem unsäglich traurig dreinblickenden Studenten vorbei. Irgendetwas in mir sagte: «Geh zu dem hin!» Nichts Unpässlicheres konnte ich mir vorstellen. Ein Kontakt mit solch einem Menschen! Möglicherweise müsste ich mir eine lange, traurige Geschichte anhören. Und möglicherweise erwartete er gar Hilfe von mir.

Ein anders sozialisierter Mensch hätte dieser Stimme vermutlich leicht folgen können, aber ich kam aus einem anderen Leben. Ich war eher der Sonnyboy gewesen, der immer auf der sonnigen Seite des Daseins lebte und alles Traurige und Unglückliche tunlichst mied. Aber je mehr ich mich von diesem Menschen entfernte, desto mehr hatte ich den Eindruck, als ob ich mit ihm mit einem unsichtbaren Gummiband verbunden wäre, das allmählich immer straffer wurde. Das neue Wesen in mir machte sich unüberhörbar bemerkbar: «Geh hin und hilf ihm.»

Und dann kehrte ich um und sprach ihn an. Und in der Tat: Ich musste mir eine lange, traurige Geschichte anhören. Und auch diese Befürchtung wurde wahr: Er suchte Hilfe. Er lud mich zu sich in seine Studentenbude ein, und was mich da erwartete, überstieg meine bisherige Erfahrung bei weitem. Selten habe ich solch einen Unrat gesehen! Aber noch viel schlimmer war der Unrat in seiner Seele, dessen Spiegelbild das Chaos in seiner Wohnung nur war.

Aber nun geschah das für mich selbst Unfassbare. Statt Abscheu spürte ich inmitten dieses Unrates einen tiefen Frieden und ein Wissen: Jetzt bist du innerlich zutiefst verschränkt mit dem Wesen dessen, der damals zu den Huren und Zöllnern gegangen war, jetzt ist diese «Innewohnung» komplett! Die Freude darüber gab mir eine bis dato unbekannte Kraft, so dass ich diesen Menschen noch viele Monate begleiten, trösten, stärken und ihm helfen konnte.

In Anbetracht meines «Vorlebens» war mir dabei vollkommen klar: Das war keine karitative Leistung meinerseits, der ich ja aus meiner natürlichen Veranlagung und Erziehung heraus gerade solche Situationen peinlichst vermied, sondern das war die «Leistung» des anderen, viel Größeren, durch den ich erst in die Lage versetzt worden war, das mir ansonsten Menschenunmögliche aus freien Stücken zu tun.

Ärzte, Psychologen und andere viel sozialer Eingestellte, als ich es damals war, mögen das alles als Selbstverständlichkeiten ansehen, aber mir wäre es vor meinem Christsein nicht im Traum eingefallen, umzukehren und einen solchen Menschen anzusprechen und ihm trotz des unsäglichen Unrates seines Lebens zu helfen, und das mit Freude! Das hätte ich auch dann nicht getan, wenn mir das Christsein nur als Ethik mit einer Reihe von Verhaltensvorschriften präsentiert worden wäre. Der Egoismus meiner alten Natur hätte hier auf alle Fälle die Oberhand behalten.

Aber das war jetzt etwas völlig anderes. Es war das, was das Christsein in seiner ursprünglich intendierten Form eigentlich bedeutet: eine neue Natur und eine neue Kraft, die sich allmählich, wenn auch manchmal noch zögerlich, ihre Bahn bricht. Nicht von ungefähr schrieb der antike Prediger Paulus in einem seiner Briefe sinngemäß: «Wer Christ geworden ist, hat eine völlig neue Natur bekommen.»[48] Die Wahrheit dieser Aussage hatte sich erstaunlicherweise nicht in einer rationalen Überlegung erschlossen, sondern im konkreten Lebensvollzug.

Wie vorher schon erwähnt, ist die Ausgangslage für jeden Menschen natürlich unterschiedlich, und so kann es sein, dass jemand, der gerade Christ geworden ist, aber aus einem total Ego-dominierten sozialen Umfeld kommt, längere Zeit in seinem Verhalten weit weniger christlich erscheint als derjenige, bei dem das Christsein noch nicht eingesetzt hat. Aber gesundes Wachstum vorausgesetzt, wird der Christ normalerweise immer weiter in ein Leben hineinwechseln, das immer mehr das Wesen dessen widerspiegelt, dessen «Radio» er sein soll – oft zu seiner eigenen Verblüffung, wie das auch bei mir der Fall gewesen war und immer noch ist.

Ein anderer, extremerer Fall möge das noch weiter veranschaulichen. An der Ecke des Auditorium Maximum in Göttingen saß ein total heruntergekommener Bettler und bat mich um Geld. Das Übliche wären damals etwa zwanzig Pfennig gewesen. Einer plötzlichen, mir inzwischen schon besser bekannten Eingebung folgend, gab ich ihm fünfzig Mark – für einen klammen Studenten wie mich damals ein erheblicher Betrag.

Das verblüffte ihn dermaßen, dass er mich fortan nicht mehr aus den Augen ließ und wir uns allmählich anfreundeten. Dass er gerade nicht im Landeskrankenhaus war, war für ihn ungewöhnlich, denn die meiste Zeit seines Lebens hatte er zunächst in Jugendheimen und dann im LKH zugebracht. Seinen Vater hatte er nie gesehen, und auch seine Mutter, eine Prostituierte, hatte ihn früh verlassen. Unsägliches hatte er in Jugendheimen erlitten und noch Schlimmeres im LKH, wo er meist in der geschlossenen psychiatrischen Abteilung verwahrt worden war.

Nachdem er wieder eingeliefert wurde, besuchte ich ihn dort. Menschliche Wesen wie diejenigen, die dort auf mich zukamen, hatte ich noch nie gesehen. In meinem früheren Leben wäre ich hier keine Sekunde geblieben. Aber dieser andere, dieser große Erbarmer, der bereits meine innere Orientierung immer mehr durchsetzte und prägte, ließ mich in tiefem Frieden inmitten dieses Entsetzens verweilen und meinem Freund Trost und Beistand spenden.

Viele Versuche, ihn dort herauszubekommen, schlugen zunächst fehl, bis es nach langer Zeit doch noch gelang, ihm eine menschenwürdige Bleibe in einem Haus für betreutes Wohnen zu verschaffen. Inzwischen war er zu der gleichen inneren Erfahrung des Sinns des Lebens gelangt wie ich auch, und zwar in einer Tiefe, die das äußerlich vermeintlich Sinnlose seines Daseins – er hatte weder eine Familie noch jemals einen

Beruf ausgeübt – bei weitem überstrahlte, bis er schließlich in tiefem Frieden die Augen schloss.

Ein ganz anders gelagertes Erlebnis, das aber auch wieder diese neue innere Kraft demonstriert, geschah während einem dieser abendlichen Vorträge, die ich wie erwähnt einmal in der Woche veranstaltete. Nachdem ich dort nämlich meine Erzählungen über meine Erlebnisse beendet hatte, konnte es recht chaotisch zugehen. Es gab nicht nur eine Fülle von ehrlich gemeinten Fragen, die ich gern und ausführlich beantwortete, sondern mitunter auch ein recht aggressives Verhalten einiger Anwesender, die über das Gehörte sichtlich erbost waren.

Eines Abends baute sich vor mir ein kräftiger Student auf, der offensichtlich noch stark unter der Wirkung einer Droge stand – vermutlich Cannabis oder das damals gerade in Mode gekommene LSD. Er brachte seine Nase in die unmittelbare Nähe meiner eigenen, sah mir mit einem finsteren Blick auf kürzeste Distanz drohend in die Augen und röchelte: «Dich bekommen wir auch noch.» Früher hätte ich wohl irgendetwas Beschwichtigendes gesagt und hätte mich dann schleunigst in Sicherheit gebracht. Aber stattdessen erwiderte ich ihm seelenruhig: «Du sprichst nicht mit mir, sondern mit Jesus Christus in mir.» Er erbleichte. Und verließ blitzartig den Raum.

Zugegebenermaßen sind diese Beispiele nur punktuelle Hinweise auf diese erstaunliche Erfahrung, dass mit der Gewissheit des Angekommenseins am Ursprung auch eine ganz neue Befähigung zur Umsetzung der Ansprüche einhergeht, die für ein Leben an diesem Ursprung gelten.

Nie hätte ich erwartet, dass das Ende meiner Expedition der Anfang eines derartig spannenden Lebens sein würde! Ich hatte nicht nur den Zugang zum Ursprung gefunden, sondern auch die Befähigung, mich in meinem Verhalten in

Richtung der dort gültigen Regeln von Liebe, Gerechtigkeit und Wahrhaftigkeit zu entwickeln – nicht aus mir heraus, sondern aus einer Kraft, die dieser Ursprung selbst bereitstellt.

Ein Leben aus dem Ursprung!
Ein Leben, das ich nie mehr missen möchte!
Ein Leben, das ich jedem wünsche!

Nachwort

Ich werde manchmal gefragt, ob sich die Beantwortung der Frage nach dem Sinn des Lebens immer so kompliziert gestalten muss wie bei mir.

Diese Frage ist mit einem entschiedenen «Nein» zu beantworten. Dass es bei mir so kompliziert war, lag im Wesentlichen an meiner Unkenntnis. Ich hätte mir wahrscheinlich viele Umwege ersparen können, wäre ich früher auf die zentralen Aussagen des Evangeliums gestoßen.

Sie sind dermaßen einfach, dass sie erfahrungsgemäß über alle Kulturen und Sprachen hinweg, unabhängig von Bildung und Wissen, sofort verstanden werden, wenn sie wirklich in ihren wesentlichen Aspekten vermittelt werden: dass der Sinn des Lebens nur in einer wesensmäßigen Gemeinschaft mit dem Urheber dieses Lebens zu finden ist; dass dieser Urheber glücklicherweise nicht das Geringste mit dem Bösen und Ungerechten gemein hat und wir durch unsere kleinen und großen Ungerechtigkeiten daher zwangsläufig von dieser Gemeinschaft ausgeschlossen sind; und dass diese Gemeinschaft trotzdem zu einer konkreten inneren Erfahrung werden kann, wenn man im Glauben das Geschenk empfängt, dass diese Ungerechtigkeiten durch den Tod Jesu am Kreuz gesühnt und ausgelöscht wurden.

Anderseits waren diese Umwege vielleicht auch nötig, um mich mit umso größerer Sicherheit an das Ziel meiner Expedition zu bringen. Denn auf diese Weise konnte mir der Unterschied zu den anderen Religionen und Versuchen, den Sinn des Lebens zu finden, besonders deutlich werden: Hier ist Gott der Aktive, Handelnde – und der Mensch der Empfangende; dort ist der Mensch der Handelnde, Forschende, Meditierende, sich Bemühende – und Gott ein indifferentes, passives Wesen. Beim Evangelium einerseits und allen anderen Religionen anderseits handelt es sich um zwei grundsätzlich entgegengesetzte Wege.

Erstaunlich bleibt, dass mir dieser Unterschied und vor allem die eigentlichen Aussagen des Evangeliums trotz Taufe, Konfirmation und Religionsunterricht in der Schule bis zu meinem 25. Lebensjahr unbekannt geblieben sind. In der Tat hatte ich ja den christlichen Weg am Anfang meiner Suche nicht im Entferntesten in Erwägung gezogen; erst am Ende meiner Expedition stieß ich eher zufällig darauf.

Bis heute bin ich immer noch regelrecht verblüfft darüber, dass ich ausgerechnet hier fündig geworden bin. Und dies auf eine Weise, die für mich keinen Zweifel mehr daran ließ, dass sich hier und nur hier der Sinn des Lebens entfalten konnte – alle anderen Wege entpuppten sich im Licht des Evangeliums zu meinem Erstaunen endgültig als Irrwege.

Aber es blieb nicht dabei, nur fündig geworden zu sein, nur das Ziel meiner Reise erreicht zu haben: Ein neues Leben begann, das ich auf keinen Fall mehr missen möchte. So unglaublich es mir selbst immer noch erscheint: Es ist ein Dasein in dem sicheren Wissen, unter der Obhut von niemand Geringerem als dem Schöpfer dieses Weltalls zu sein.

In dieser Gewissheit entwickelte sich mein Leben stetig und zügig heraus aus dem Zustand eines Drop-out und der vorübergehenden Beschäftigung als Sprachschuldirektor in San Diego. Ich kehrte nach Deutschland zurück, promovierte in theoretischer Physik, heiratete, gründete eine Familie und bekam eine Anstellung als Experte zur Störfallberechnung in Schnellen Brutreaktoren bei der Firma Interatom.

Nach zehn Jahren in dieser Firma ging schließlich mein Jugendtraum in Erfüllung: Ich kam zur Raumfahrt. Dort durchlief ich die verschiedensten Stationen als Leiter der Organisationseinheiten für Künstliche Intelligenz, Robotik, Flugsteuerung autonomer Raumfahrtsysteme, Entwicklung und Fertigung von Computern und Datenmanagementsystemen von Raumfahrzeugen und für die Optimierung von Entwicklungs- und Produktionsprozessen unserer Fluggeräte.

Schließlich wurde ich stellvertretender Technischer Leiter unserer mittlerweile durch mehrere Fusionen stark internationalisierten europäischen Raumfahrtfirma.

Immer mehr erinnerte mich dabei mein Leben an das eines Trapezkünstlers, der seine Akrobatik zunächst ohne Netz vollführte und nun plötzlich ein Netz unter sich weiß: Befreit von Furcht, kann er seine Kunststücke fortan mit ganz anderem Elan und Wagemut vorführen. Ein Leben ohne diese Gewissheit erschiene mir grau und ohne wirkliche Dynamik. Es wäre für mich heute undenkbar.

Allerdings begann die genannte Befreiung beileibe nicht sofort, sondern entwickelte sich erst nach und nach, und diese Entwicklung setzt sich fort bis zum heutigen Tage. Um im Bilde zu bleiben: Immer wieder muss der Trapezkünstler das Vertrauen lernen, dass das Netz im Falle eines Sturzes auch wirklich hält. Immer wieder musste und muss ich darauf vertrauen – gerade auch in sehr schweren Lebenssituationen, die mir nicht erspart blieben und bleiben werden –, dass ich mich auf die Obhut Gottes auch wirklich verlassen kann.

Mehr und mehr bekam und bekommt mein Leben dadurch den Charakter eines manchmal geradezu abenteuerlichen Wagnisses im Glauben, oft gegen alle Umstände. Und ausnahmslos vertieft sich dabei die Erfahrung, dass das Netz hält!

Auf existenzielle Weise offenbart sich mir damit immer mehr, was das wahre Wesen Gottes ist: Liebe.

Er liebt mich.

Nie hätte ich damit gerechnet, dass dies die Antwort auf meine Suche sein sollte.

Aber es ist die Antwort.

Anmerkungen

[1] Stephen W. Hawking: *Einsteins Traum. Expeditionen an die Grenzen der Raumzeit,* Rowohlt: Reinbek bei Hamburg 1993, Seite 58.
[2] Zur Beruhigung meiner Physikerfreunde: Das gilt nur in der Newton'schen Theorie. In der AR Einsteins würde der große Jupiter die Geometrie auch verzerren, und zwar mehr als die Erde, so dass die Aussage nicht mehr exakt stimmt.
[3] Offenbarung 7,4–8.
[4] Jiddu Krishnamurti: *Die Zukunft ist jetzt. Letzte Gespräche,* Fischer: Frankfurt 1994, Seite 101–102 und 106.
[5] Vergleiche Johannes 3,15.
[6] Johannes 4,14.
[7] Jesaja 43,1.
[8] Johannes 8,31–32.
[9] Matthäus 13,44.
[10] Johannes 5,39–40.
[11] Matthäus 23,13–14.
[12] Vgl. Johannes 8,31–32.
[13] Jesaja 53,5.
[14] Johannes 1,29.
[15] Johannes 5,19.
[16] Johannes 10,30.
[17] Johannes 14,6.
[18] Johannes 15,5.
[19] Johannes 3,3.
[20] Johannes 3,5.
[21] Johannes 3,7–8.
[22] 1. Mose 1,27.
[23] Hawking: *Einsteins Traum,* Seite 87.

[24] Vgl. Matthäus 7,8.
[25] 1. Könige 18,38.
[26] Vgl. Matthäus 6,7.
[27] Siehe z. B. Psalm 111,10.
[28] Johannes 3,3.
[29] 1. Johannes 3,9; Luther 1984.
[30] 1. Johannes 1,8–9.
[31] Johannes 10,29; Elberfelder Bibel.
[32] Jacques Monod: *Zufall und Notwendigkeit,* Piper: München 1971, Seite 151.
[33] Johannes 17,3.
[34] Vgl. 1. Johannes 4,8.
[35] Vgl. 2. Mose 3,14.
[36] Johannes 4,24.
[37] 1. Johannes 1,5.
[38] 1. Johannes 4,8.
[39] Römer 3,10.
[40] Siehe Johannes 14,6.
[41] Johannes 16,33.
[42] Matthäus 5,39; Elberfelder Bibel.
[43] Matthäus 5,44; Luther 1912.
[44] Matthäus 5,48; Elberfelder Bibel.
[45] 1. Johannes 4,19. Hervorhebung von mir.
[46] Lukas 23,34.
[47] Johannes 15,5.
[48] Vgl. 2. Korinther 5,17.